大型汽轮发电机组
典型故障案例分析

张宝　胡洲　应光耀　编著

Typical Failure Case Analysis of Large Steam Turbine–Generator Unit

U0246584

中国电力出版社
CHINA ELECTRIC POWER PRESS

内 容 提 要

本书精选了 41 个典型的汽轮机组故障案例，涵盖了汽轮机本体故障、油系统故障、辅机故障、控制系统故障、振动故障与涉网故障等 6 个方面，每个案例由设备简介、故障描述、故障分析、处理方法以及结论与建议等内容组成。

全书故障描述准确、原因阐述到位、措施合理可行，适合从事燃煤电厂汽轮机组运行、维护、技术监督等工作的工程技术人员使用，也可供燃机电厂相关技术人员阅读参考。

图书在版编目（CIP）数据

大型汽轮发电机组典型故障案例分析/张宝，胡洲，应光耀编著 .—北京：中国电力出版社，2018.11

ISBN 978-7-5198-2411-2

Ⅰ.①大… Ⅱ.①张… ②故… ③应… Ⅲ.①大型发电机—汽轮发电机组—故障诊断—案例 Ⅳ.①TM311.014

中国版本图书馆 CIP 数据核字（2018）第 212149 号

出版发行：中国电力出版社

地　　址：北京市东城区北京站西街 19 号（邮政编码 100005）

网　　址：http：//www.cepp.sgcc.com.cn

责任编辑：赵鸣志（010－63412385）

责任校对：黄　蓓　李　楠

装帧设计：张俊霞

责任印制：吴　迪

印　　刷：北京雁林吉兆印刷有限公司

版　　次：2018 年 11 月第一版

印　　次：2018 年 11 月北京第一次印刷

开　　本：787 毫米×1092 毫米　16 开本

印　　张：14.25

字　　数：302 千字

印　　数：0001—2000 册

定　　价：58.00 元

前　言

大型汽轮发电机组

典型故障案例分析

近年来，我国电力工业飞速发展，总装机容量与设备技术水平均有较大幅度提升。截至 2017 年底，全国累计装机容量达到 177703 万 kW，其中火电装机 110604 万 kW（煤电装机 98028 万 kW）；并网运行的汽轮发电机组参数也从以亚临界、超高压为主转向以超临界、超超临界为主；大型发电设备从以进口为主转向以国产为主。发电行业的相关单位在这些机组的设计、制造、建设、运维与监督过程中，积累了丰富经验，攻克了众多难题，快速提升了我国发电行业的技术水平。

大型汽轮发电机组设备繁杂，不仅包括汽轮机、发电机等主要设备，还包括给水泵、循环水泵、凝结水泵、高低压旁路等众多辅助设备，以及水、油、汽相关系统与管路。这些设备或系统中的任何一个环节出现故障，都会影响整台机组的安全稳定运行，严重时还会造成恶性事故。杭州意能电力技术有限公司与国网浙江省电力有限公司电力科学研究院在大型火电机组基建调试、生产服务和技术监督方面有着丰富的经验，为了更好地总结、推广和应用这些经验，两家单位共同组织人力，编写了本书。本书由 41 个典型故障案例组成，所有案例均是作者从自身经历的众多现场故障事件中精选出来的，具有一定代表性，其中个别案例还包括一系列小案例。收集的案例涵盖了汽轮机本体故障、油系统故障、辅机故障、控制系统故障、振动故障和涉网故障等 6 个方面，每个案例由设备简介、故障描述、故障分析、处理方法以及结论与建议等内容组成，力求故障描述准确、原因阐述到位、措施合理可行。

书中第一章～第三章由张宝、胡洲共同编写，第五章由应光耀编写，第四章和第六章由张宝编写，全书由张宝统稿。本书在编写过程中得到了杭州意能电力技术有限公司、国网浙江省电力有限公司电力科学研究院各级领导的大力支持，在此表示感谢。

由于编者水平所限，书中难免存在疏漏之处，敬请读者批评指正。

编者

2018 年 8 月

目录

前言

第一章　汽轮机本体故障 ··· 1

[案例1]　600MW 汽轮机主汽阀故障造成汽轮机单侧进汽 ············· 3

[案例2]　200MW 机组高压缸导汽管泄漏 ···························· 7

[案例3]　600MW 机组轴封齿严重受损 ······························ 11

[案例4]　600MW 汽轮机高压调节阀阀杆脱落 ······················ 16

[案例5]　600MW 汽轮机再热调节阀快关异常导致超速 ·············· 21

[案例6]　660MW 机组汽轮机高压内缸法兰螺栓断裂 ················ 26

[案例7]　超超临界汽轮机扩散器及汽门密封面裂纹 ·················· 31

[案例8]　超超临界汽轮机中压汽门螺栓断裂 ························ 36

第二章　汽轮机油系统故障 ··· 41

[案例9]　EH 油系统漏油导致机组停运 ···························· 43

[案例10]　EH 油系统蓄能器皮囊破损造成高压调节阀晃动 ············ 47

[案例11]　东汽改进型 1030MW 汽轮机汽门调试典型问题 ············ 51

[案例12]　跳闸电磁阀缺陷导致汽轮机无法打闸 ···················· 56

[案例13]　600MW 汽轮机组基建调试期间润滑油系统典型故障 ········ 61

[案例14]　汽轮机注油器存在异物导致跳机 ························ 65

[案例15]　汽轮发电机组轴颈与轴承损伤 ·························· 68

[案例16]　660MW 机组汽轮机轴承碾瓦 ··························· 74

第三章　汽轮机辅机故障 ·· 79

[案例17]　660MW 机组高压旁路减压阀脱落 ······················ 81

[案例18]　1000MW 机组高压旁路阀螺栓断裂 ······················ 88

[案例19]　给水泵汽轮机高、低压汽源切换失败 ···················· 92

[案例20]　循环水泵跳闸导致机组跳闸 ···························· 98

第一章

汽轮机本体故障

600MW 汽轮机主汽阀故障造成汽轮机单侧进汽

一、设备简介

某汽轮机组是上海汽轮机厂生产的 600MW 亚临界、单轴、四缸、四排汽、中间再热、凝汽式汽轮机,机组型号为 N600-16.7/538/538。机组正常运行时,主汽阀卡涩问题并不常见,表现出来的现象也不是很典型,有时很难准确判断。但该问题如果不能及时发现,机组的安全运行将会受到严重威胁。

二、故障描述

该机组对汽轮机高压主汽阀进行了改造,由杠杆式连接全部改为直连式。机组 A 修后重新启动,并网后利用单阀控制模式升负荷。当负荷升至 311 MW 时,汽轮机 1 号瓦 T1/T2 点温度达到 84.66℃/98.79℃,而该机组 A 修前相同负荷工况时 1 号瓦温 T1/T2 仅为 78.54℃/86.24℃。对比数据发现,该机组 A 修后汽轮机 1 号瓦温出现了明显偏高问题,瓦温比 A 修前升高了 12.55℃。

由于机组在 A 修期间对汽轮机 1 号瓦曾进行解体检修,并按照标准工艺进行了装复,因此基本可以排除 1 号瓦存在轴瓦损伤或安装工艺不规范的情况。直观判断,可能是汽轮机 1 号瓦的承重力发生了改变,导致 1 号瓦轴承的承重力比 A 修前有所增大。

三、故障分析

1. 转子受力分析

机组 1 号高压主汽阀控制汽轮机左侧的 1 号与 3 号高压调节阀,2 号高压主汽阀控制汽轮机右侧的 2 号与 4 号高压调节阀。图 1-1 所示为汽轮机高压转子受力分析图。

可以看出,转子 y 方向向下所受到的汽流力为: $F_{qy}=b_y+d_y-a_y-c_y$。当机组采用单阀进汽时,4 个高压调节阀的进汽开度是一致的,因此转子 y 方向向下所受到的汽流力 (b_y+d_y) 与 y 方向向上所受到的汽流力 (a_y+c_y) 应处于平衡状态,理论上 $F_{qy}=0$。

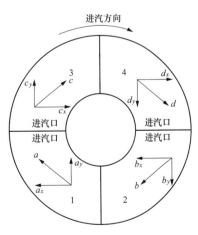

图 1-1 高压转子汽流受力分析简图

若出现汽轮机左侧进汽流量小于右侧进汽流量的情况，则汽轮机转子左右侧所收到的蒸汽力必然会发生变化，$b_y + d_y > a_y + c_y$，转子 y 方向向下所受到的汽流力必然增大，使 $F_{qy} > 0$。很显然，这会造成汽轮机 1 号瓦 y 方向受力增大，瓦温升高。

根据上述推断，分析认为造成汽轮机 1 号瓦温偏高的原因很可能是机组在单阀方式下运行时，汽轮机左侧进汽流量小于右侧进汽流量，造成 1 号瓦下半部左右两个侧面的轴瓦承受力均较 A 修前有所增大，T1/T2 点的瓦温偏高。因此，初步判断 1 号或 3 号高压调节阀没有打开，或者 1 号高压主汽阀未全开，为此进行了下列试验。

2. 关阀试验

机组协调控制撤出、负荷 275 MW、汽轮机单阀状态，各高压调节阀开度为 30%，以每次 1% 的幅度关小 3 号高压调节阀，观察机组负荷反应。结果表明，在 3 号高压调节阀关闭的过程中，机组负荷、主蒸汽压力均没有明显变化，直到全关；3 号高压调节阀全关后，关小 1、2、4 号高压调节阀任一阀门到 27% 左右，机组负荷下降明显，约降低 5 MW。初步判断，3 号高压调节阀可能存在阀碟脱落的问题，或 3 号高压调节阀后的调节级区域发生了堵塞。

3. 升负荷试验

手动关闭 3 号高压调节阀，机组缓慢升负荷到 438MW，此时 4 个调节阀开度分别为 100%/29%/0/100%，主蒸汽压力为 16.5MPa。直观分析，在该压力与调节阀开度下，负荷偏低。查 A 修前运行数据，在主蒸汽压力为 14.7 MPa、4 个调节阀开度分别为 100%/0/0/100% 时，机组负荷为 400MW；折算到主蒸汽压力为 16.5MPa 时，对应的负荷应为 446MW。即之前"两阀全开、两阀全关"对应的负荷比现在阀门状态对应的负荷还要高，这说明机组的通流部分确实存在问题。

经现场检查，发现机组 1 号高压主汽阀阀体温度比 2 号高压主汽阀阀体温度低 10℃。

综合以上判断，初步分析认为，造成上述现象的原因为：机组 1 号高压主汽阀阀蝶脱落或其后的 3 号高压调节阀阀碟脱落；或是 1 号高压主汽阀前的进汽管及进汽滤网、3 号高压调节阀后的导汽管及其后的调节级区域发生了堵塞。

4. 检查情况

在机组停运后，对 3 号高压调节阀进行了解体检查，未发现其阀碟脱落；检查 1 号高压主汽阀前的进汽管及进汽滤网、3 号高压调节阀后的导汽管及其后的调节级区域，未发现堵塞。

对 1 号高压主汽阀解体，检查发现：预启阀开启 100mm 以上时，高压主汽阀主阀蝶仍然未动，而高压主汽阀的阀门行程是 188mm，这显然与实际开启时高压主汽阀主阀蝶的开启点位置不符合，表明 1 号高压主汽阀的阀蝶已经脱落。拆除阀杆和 1 号高压主汽阀的主阀蝶后，发现 1 号高压主汽阀内用于带动开启主阀蝶的内套筒已经全部脱落，如图 1-2 所示。因此，机组运行过程中 1 号高压主汽阀开启时，其主阀阀碟未能全部打开，仅仅有少量蒸汽通过预启阀和未全开的主汽阀进入高压缸，造成汽轮机单侧进汽，检查结果与故障分析相符。

图 1-2　高压主汽阀主阀蝶与套筒

四、处理方法

该机组高压主汽阀设计为直连式结构，整个高压主汽阀采用水平方式安装，主阀蝶和内套筒采用螺旋式安装方式。其安装工艺为：在内套筒全部旋入主阀蝶后，再将主阀蝶内壁边缘的几个点进行铆边，利用内套筒与主阀蝶的螺纹来承受高压主汽阀的开启压力，利用铆边来对内套筒进行定位和限位。从现场检查的情况看，原有的铆边已经全部脱落，在不修正凹凸不平的铆边的情况下，内套筒已可以在主阀蝶内自由装复和拆卸。

分析主阀蝶内套筒脱落的原因为：由于高压主汽阀采用水平方式安装，阀杆较长，在高压主汽阀整体装复后，阀杆可能与内套筒不同心，造成内套筒水平下半部的螺纹壁受到向下的压力；在高压主汽阀阀杆移动或者是在机组打闸突然关闭高压主汽阀时，高压主汽阀内套筒的铆边可能受到了振动、压力或者冲击力，导致铆边脱落；主阀蝶内的内套筒在铆边脱落后由于蒸汽力或阀体振动等原因产生了旋转，最后整体从主阀蝶中脱落，使主阀蝶无法开启，造成汽轮机单侧进汽。

高压主汽阀主阀蝶内套筒脱落后，高压主汽阀主阀蝶处于自由状态，高压主汽阀阀杆向开启方向运动时，预启阀开启到一定位置碰到限位的主阀蝶内套筒后只能带动内套筒一起向开阀方向运动，高压主汽阀主阀蝶则停留在原来的位置不会移动。当机组打闸时，预启阀会顶住主阀蝶，带动主阀蝶一起快速关闭。因此高压主汽阀主阀蝶脱落不会对高压主汽阀的快速关闭能力造成影响，而仅仅影响高压主汽阀的开启程度。但通过对高压主汽阀的主蒸汽流量产生影响，最终会造成汽轮机转子受力变化，影响到轴瓦的温度与转子振动。

现场对脱落的主阀蝶和内套筒重新进行了装复，原设计中内套筒限位功能暂无法改进。内套筒重新装复后，对铆边部位进行了仔细加工，增加了铆边点数及铆边强度，加强了对内套筒的防转限制。经过上述处理后，主阀蝶和内套筒易脱落的问题得以解决。

五、结论与建议

汽轮机轴瓦温度发生异常的原因很多，汽轮机进汽通流面积发生变化会导致汽轮机的进汽压力不平衡，汽门进汽方式不正常、配汽方式不合理是其中的一个重要原因。汽轮机进汽压力不平衡，会导致转子受力不均，造成轴瓦温度偏高、轴承振动高等现象。检查确认汽门正常的进汽方式，优化合理的配汽方式，有利于改善汽轮机轴瓦瓦温、降低轴承振动。

直连式高压主汽阀与杠杆式高压主汽阀结构相比，具有结构简化、便于安装和检修等特点；但由于安装工艺中铆边工艺不成熟或实际铆边时铆得太浅，运行中容易造成高压主汽阀主阀蝶与套筒脱落的现象。建议制造厂优化铆边工艺细节或改进安装工艺，将铆边工艺改为销子限位工艺，防止高压主汽阀主阀蝶内套筒位置不固定，在运行中逐渐与主阀脱落的现象再次发生。

机组在运行过程中，应适时安排高压调节阀全行程活动性试验，并对机组各负荷段的运行参数和高压调节阀开度进行详细记录和对比，提早发现高压主汽阀阀蝶脱落的事故隐患，保障机组的安全运行。

[案例2] **200MW 机组高压缸导汽管泄漏**

一、设备简介

某 200MW 机组由北京北重电机厂生产，为超高压一次中间再热、单轴、三缸三排汽、凝汽式汽轮发电机组，机组型号为 N200-12.75/535/535，后经过高、低压缸通流部分改造，增容至 215MW。该机组汽轮机高压导汽管疏水管的水平段设计从前后两根高压导汽管上的管接座大小头伸出，经过一小段弯管后，两根直管直接对接，两路汇成一路，如图 1-3 所示。

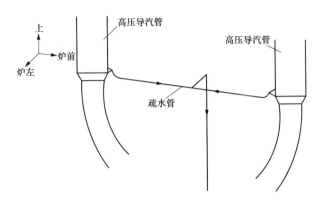

图 1-3　高压导汽管疏水管布置图

二、故障情况

机组运行中，高压下右导汽管疏水管出现严重漏汽现象；机组停机后，检查发现高压下右导汽管疏水管接座大小头变径处发生断裂，如图 1-4 和图 1-5 所示。疏水管大小头及接管材质均为 12Cr1MoV，焊缝为对接型式。

三、故障分析

现场检查发现，高压下右导汽管疏水管接座大小头变径处断裂后，断口两侧并未发生大的侧移。手推接管可发生一定的位移。由此可见，从侧向对管接座产生的力不是很大，不存在强制对口的情况。

从图 1-3 可以看出，前后两根高压导汽管的疏水管直管段设计为直连汇合结构，这种管系布置会导致疏水管水平段具有较大的刚性，在热态时可能导致膨胀受限，从而传递较大力矩给两侧管接座。

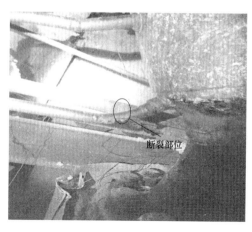
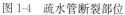

图 1-4　疏水管断裂部位

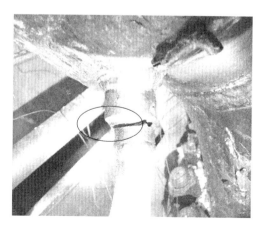

图 1-5　疏水罐断裂细节

高压下右导汽管疏水管断裂部位并非焊缝，而是疏水管管接座大小头的变截面位置（如图 1-6 所示）。该管接座大小头的变截面位置设计为圆弧过渡，但圆弧过渡较小，制造时未完全消除残余应力，管接座大小头圆弧过渡处存在较大的集中应力，当管接座大小头受到疏水管水平段膨胀力作用时，该位置极可能成为最薄弱的断裂处。

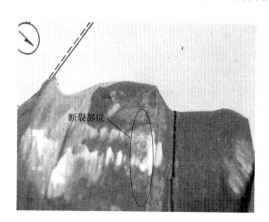

图 1-6　管接座大小头变截面断裂位置

图 1-7 所示为高压下右导汽管疏水管管接座大小头变截面断口宏观形貌。可以明显看出圆环中间最为凹凸不平，为最终断裂区域；圆环上下区域裂纹扩散痕迹则较为复杂，既有非常明显的径向放射状台阶，又有轻微的环向贝纹线。由此判断疏水管管接座大小头变截面在运行过程处于受疏水管膨胀挤压、管道振动等复杂应力共同作用的状态。断口氧化时间较长，说明裂纹形成扩展的时间比较久，不排除疏水管管接座大小头曾发生受伤或存在质量问题的可能性。

综上分析，高压缸导汽管泄漏的原因主要有以下几个方面：①高压导汽管疏水管管接

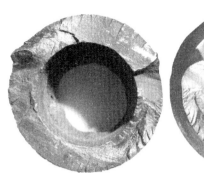
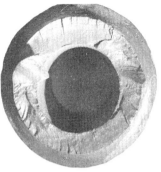

图 1-7　管接座大小头变截面断口形貌

座大小头变截面设计圆弧过渡较小，制造过程中未消除残余应力，管接座大小头圆弧过渡处存在较大的集中应力；②两根高压导汽管引出的疏水管水平直管直接连接，热态时无法吸收热膨胀力，造成疏水管膨胀受阻，热态时疏水管管接座处将承受较大力矩作用；③高压导汽管疏水管管接座大小头可能曾发生受伤或存在质量问题等，疏水管管接座大小头变截面圆弧过渡处受残余集中应力、疏水管膨胀挤压、管道振动等复杂应力的影响，长期工作在复杂、恶劣的环境，管接座大小头变截面圆弧过渡处从细小的裂纹开始发展并逐渐扩展，最终导致疏水管管接座大小头变截面圆弧过渡处整体断裂。

四、处理方法

1. 管接座大小头改进措施

由于高压导汽管疏水管管接座大小头变截面设计圆弧过渡较小，所以管接座大小头圆弧过渡处存在较大的集中应力，该位置极可能成为最薄弱的断裂处。因此，应对高压导汽管管接座大小头进行改进，通过增加大小头圆弧处的平缓过渡，降低圆弧过渡处的集中应力。改进后的管接座大小头形貌见图 1-8。

图 1-8　改进后的管接座大小头形貌

2. 疏水管布置改进措施

由于两根高压导汽管引出的疏水管水平直管采用直连布置，所以热态时会造成疏水管膨胀受阻，疏水管管接座处必将承受较大作用力。为消纳吸收热膨胀力，减轻疏水管管接座处所承受应力，对高压导汽管疏水管水平直管段进行了改进，在前后两根高压导汽管的疏水管水平直管段设计增加了 U 型膨胀弯，使疏水管水平管段对管道的热膨胀应力具备了一定的柔性吸收能力。改进后的高压导汽管疏水管管系分布图见图 1-9。

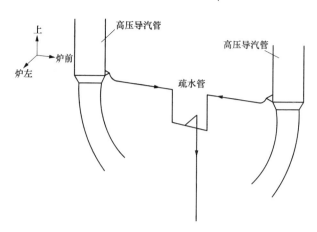

图 1-9　改进后的疏水管管系分布图

五、结论与建议

　　高压导汽管疏水管接座大小头变截面圆弧过渡不合理，将增加变截面处的集中应力，成为最薄弱的断裂处，增加大小头变截面圆弧的平缓过渡，将有效降低该处的集中应力；疏水管布置连接不合理，会存在热态膨胀受阻问题，增加疏水管接座大小头变截面处的应力，在疏水管水平连接管系上增设 U 型膨胀弯，可以消纳吸收热膨胀力，减轻疏水管接座大小头变截面处所受应力。

　　建议对高压导汽管疏水管接座大小头变截面处不合理过渡圆弧进行改进，降低该处的集中应力；在疏水管水平连接管系上增加 U 型膨胀弯，使水平管段具有一定的柔性，能够吸收热膨胀力；在机组检修时，增加高压导汽管管接座位置的 PT 检查，确定是否存在裂纹，及时消除安全隐患；机组日常运行中应加强现场巡检，尽早发现泄漏缺陷，及时安排事故处理。

600MW 机组轴封齿严重受损

一、设备简介

某汽轮机组是上海汽轮机厂生产的 600MW 亚临界、单轴、四缸、四排汽、中间再热、凝汽式汽轮机，机组型号为 N600-16.7/538/538。该机组于 2017 年 1 月完成汽轮机通流改造，机组增容为 630MW，中压缸端部汽封为高低齿结构，低压缸端部汽封为平齿结构。

二、故障描述

机组通流改造完成后于 2017 年 1 月 22 日首次冲转，2 月 26 日机组重新启动并网，2 月 27 日机组负荷首次升至 450MW 左右时，高压缸调节阀端轴封、中压缸发电机端轴封大量冒汽，4 号轴瓦温度最高达 98℃。此时轴封溢流调节阀已全开，轴封母管压力最高约 110kPa。

三、故障检查

机组停机后，对汽轮机高压缸调节阀端轴封、中压缸调节阀端和发电机端轴封的外汽封进行了拆除检查，发现中压缸发电机端轴封的二段轴封受损汽封环长齿向发电机端严重倒伏（并未脱落），且转子城墙凸台有磨损、发蓝、边缘倒角现象，中压缸发电机端轴封汽封齿受损情况见图 1-10。高压缸调节阀端和中压缸调节阀端轴封没有发现汽封齿碰磨现象，复测其汽封径向间隙、轴向间隙正常，满足汽轮机设计要求。4 号轴承翻瓦检查发现转子表面和轴瓦钨金表面有发黑现象。

四、原因分析

从轴封受损现场情况直观判断，中压缸发电机端轴封的二段轴封汽封环长齿受损原因为汽封齿轴发生轴向碰磨。中压缸发电机端二段轴封受损部位见图 1-11 标识处。

1. 推力瓦定位分析

高压转子、中压转子外引值测量、推力间隙复测正常（推力瓦推力间隙为 0.39mm，与安装数据基本一致），测量数据表明推力瓦安装正确，基本排除了推力瓦定位造成中压

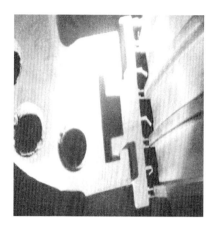

图 1-10　中压缸发电机端轴封汽封齿受损情况

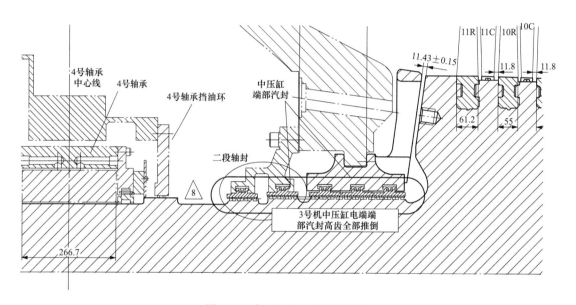

图 1-11　中压缸电机端轴封结构

缸发电机端二段汽封齿轴向碰磨的可能性。

2. 台板检查分析

检查汽轮机各轴承座台板情况，低压缸轴承箱台板正常，但前箱（1 号轴承箱）、中箱（2 号和 3 号轴承箱）台板与轴承座之间有间隙，台板与轴承座间隙测量数据如图 1-12 所示。检查中还发现中箱台板注油嘴被保温棉遮挡，位置比较隐蔽，上次检修时未注入润滑脂。

汽缸受热膨胀时，会推动轴承座在台板上滑动，轴承座与台板之间出现间隙，说明轴承座与台板的接触是非均匀性的，轴承座在滑动时摩擦阻力必然增加，这将导致汽缸膨胀受阻。

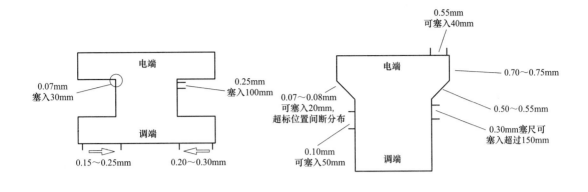

(a) 中轴承座与台板间隙   (b) 前轴承座与台板间隙

图 1-12 轴承箱台板间隙情况

3. 运行参数分析

查阅历史数据，2017年1月22日3号机组汽轮机首次冲转，2450r/min 定速后进行中速暖机，3、4号轴振分别稳定在80、23μm左右；1h后，3号轴振开始缓慢爬升，约1.5h后升至200μm，而4号瓦轴振爬升较小；低压缸差胀在机组冲转前已较大，达到15.28mm，并在 2450r/min 中速暖机过程中逐渐上升到18.04mm。由于中速暖机结束后转速刚提升时振动迅速上升并接近跳机保护值，立即打闸停机，汽轮机转速惰走过程中低压缸差胀迅速上升，超过了停机保护值19mm，最大达到21.66mm。在机组启动过程中，汽缸总胀从12.08mm仅上升至12.98mm。3号机汽轮机首次冲转各参数曲线如图1-13所示。

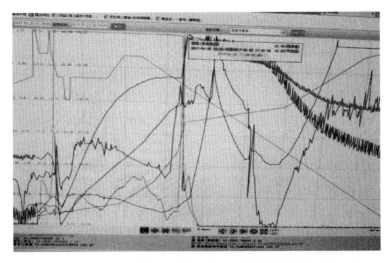

图 1-13 3号机组汽轮机首次冲转各参数曲线

采取轴封汽母管安全阀泄压等临时措施后，3号机组轴封汽母管压力被控制在正常运行值范围内，机组负荷升至满负荷 630MW，3 号机组缸胀为 37.34mm。与 1、2、4 号改造机组满负荷工况比较，3 号机组缸胀明显低于其余几台机组的正常值（39～40mm），但高压缸差胀并无太大差异。结合台板检查情况，判断 3 号机组与其余几台机组汽缸总胀的差异主要位于中压缸，受轴承座与台板间隙影响，中轴承座滑动阻力较大，中压缸汽缸未完全胀开。

综合分析，判断 3 号机组中压缸发电机端轴封汽封齿损毁原因为：该机组首次启动时，由于中箱台板存在间隙，且中箱台板未注入润滑脂，所以中箱轴承座在台板上滑动时阻力较大，中压缸膨胀不畅，造成汽缸总胀偏低。而汽轮机转子受热正常膨胀，推力盘位于中箱处，因此低压缸胀差过大，在汽轮机停机惰走至低速时，中压转子与中压缸发电机端轴封内汽封长齿发生挤压碰磨。中压缸发电机端轴封汽封齿损毁后，无法有效密封轴封汽，过量轴封汽从中压缸轴封端漏出，轴封汽溢流阀无法将过量轴封汽泄压，导致轴封汽母管压力较高。

五、处理方法与效果

1. 受损轴封问题处理

要拆除 3 号机组中压缸发电机端一段轴封检查，必须对汽轮机开缸。受检修工期等限制，该次 3 号机组中压缸发电机端轴封汽封齿损毁后，未能完成对中压缸内一段轴封内汽封齿的检查，仅更换了中压缸发电机端二段轴封（共两道汽封）。机组重新启动后，发现在溢流阀全开的情况下轴封母管压力仍然较高，这表明中压缸发电机端一段轴封内汽封齿也已发生严重损坏情况。计划在 3 号机组 A 修时，对中压缸进行开缸检查，更换受损的中压缸发电机端一段轴封（共三道汽封）。

2. 滑销系统问题处理

台板间隙彻底消除需要将高中压缸导汽管割除，并对前箱、中箱台板进行彻底清理。受工期等因素制约现阶段暂时无法安排，需要结合机组 A 修安排处理。针对目前滑销系统存在的问题，暂作以下几项处理措施：①对前箱、中箱、低压缸台板全部重新注入润滑脂。②中箱台板有间隙，导致中箱 4 个角销间隙变为 0，对中箱台板 4 个角销进行全面清理，并将角销间隙调整至下限（0.05～0.08mm）。③为避免高压缸排汽管热膨胀将汽缸顶起，重新调整高压缸排汽管道两组支吊架，支吊架标高下降了 8mm。④在机组运行时，需定期向前箱、中箱台板注入锂基润滑脂，避免台板锈蚀卡涩，并对前箱、中箱台板架设百分表，监视并记录其膨胀情况。

3. 轴封母管压力异常问题处理

针对轴封母管压力较高的情况，采取了两项技改措施：①高压轴封汽管道设计增加一路临时管道，将轴封汽泄压至 6 段抽汽管路，减少高中压缸端部轴封漏汽情况，并将泄漏工质回收至 6 号低压加热器。②轴封母管溢流至疏水扩容器过滤笼罩中原设计只有 9 个 $\phi 10$ 的小孔，现增加为 174 个 $\phi 10$ 的小孔，通过增加轴封母管溢流至疏水扩容器 B 的过滤笼罩的通流面积，调节轴封母管压力。

4. 处理效果

3 号机组通过增设轴封汽泄压管和增大轴封母管溢流管过滤笼罩的通流面积，轴封汽压力得到了较好控制，能够将轴封汽母管压力控制在 45kPa 左右，高压缸轴封汽压力控制在 70kPa 左右，端部轴封漏汽现象基本消除。在 560MW 负荷工况下，3 号机轴封母管溢流调节阀阀位为 56% 左右，高压轴封母管压力维持在 75kPa 左右，低压轴封母管压力维持在 40kPa 左右。

六、结论与建议

汽轮机滑销系统故障容易造成汽轮机受热膨胀受阻，汽轮机膨胀不充分、差胀过大，会引起汽轮机动静碰磨、轴承振动突增等现象，对汽轮机动静部件造成损坏。建议机组启动前重视汽轮机滑销系统检查，消除台板与轴承座之间的间隙，定期加注润滑脂，保证滑销系统能够正常工作，防止因滑销系统故障导致汽轮机出现动静碰磨现象。

[案例4]　600MW 汽轮机高压调节阀阀杆脱落

一、设备简介

　　某汽轮机组是上海汽轮机厂生产的 600MW 亚临界、单轴、四缸、四排汽、中间再热、凝汽式汽轮机，机组型号为 N600-16.7/538/538，在正常运行中多台次出现汽轮机调节阀阀杆脱落，给机组的安全运行带来了极大的威胁。据了解，国内其他电厂同类型机组也多次出现类似问题。汽轮机调节阀阀杆断裂是电厂汽轮机严重故障之一，曾经困扰电厂很长时间，随着阀门结构、材料与工艺的改进，小型汽轮机组中该类事故已很少出现。但近年来国产 300、600MW 汽轮机调节阀阀杆脱落的现象却时有发生，威胁着汽轮机组的安全运行。

二、故障描述

　　该机组负荷为 550MW，处于顺序阀方式下运行，2 号高压调节阀（GV2）突然发生较大幅度摆动（31%～70%），汽轮机 2 号轴振动增加，2y 向振动最高达到 149μm；运行人员随即将汽轮机切到单阀方式运行，并减负荷到 450MW 左右，在单阀方式下，GV2 不再晃动，机组运行正常。该过程发生时，负荷变化情况如图 1-14 所示。在此后的几天内，当负荷在 540MW 附近时，顺序阀方式下 GV2 均会发生较大幅度晃动。

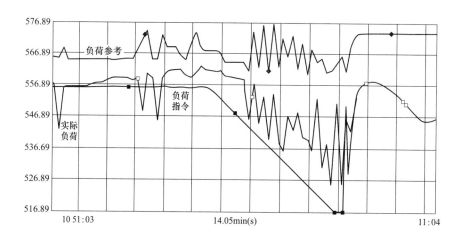

图 1-14　GV2 晃动时负荷变化情况

　　检查发现，该机组 DCS 采用脉冲的方式对 DEH 进行远方负荷控制，GV2 晃动时，系统设定是 DEH 每接到一个 DCS 来的脉冲指令，负荷变化 6MW，相对于 DEH 本身的负荷指令变化为 1％。GV2 晃动事件发生后，将每一个脉冲对应的负荷变化由 6MW 修改为 3MW，在 540MW 负荷左右时，GV2 晃动幅度减小，但仍时常有晃动现象出现。对顺序阀方式下的配汽曲线进行调整，效果不明显。为安全起见，该机组切到单阀方式运行。

仔细分析故障过程数据发现，在减负荷过程中，GV2 开度从 35％减小到 31％时，机组负荷会突减约 30MW，相当于 5％额定负荷，而 DEH 中实际设置这一区段的理论负荷约为 1％额定负荷，这是很不正常的。检查之前的运行数据，在 GV2 开度从 35％降到 30％时，机组负荷才从 566MW 降到 555MW，初步判断造成该 GV2 晃动的原因是 GV2 流量特性严重偏离设计情况。随后进行了对比检查试验：选取故障前历史数据，机组负荷为 449MW，主蒸汽压力为 15.5MPa，四个高压调节阀开度分别为 92％、17％、0、92％；故障时数据，机组负荷为 453MW，主蒸汽压力为 15.6MPa，四个高压调节阀开度分别为 100％、30％、0、100％。

由此可见，在负荷与主蒸汽压力差别不大的情况下，两个时间的 GV2 开度差别较大，再结合前述试验现象，重点怀疑 GV2 阀芯或阀杆已经部分脱落。经过现场仔细检查确认，GV2 阀芯与油动机连接部位，阀杆与油动机已经发生相对位移，如图 1-15 所示。随后，在将 GV2 关闭过程中，机组负荷没有明显变化，但只能将其关到 13％左右开度，无法再向下关。此时确认 GV2 阀杆与油动机连接处销子断裂。

图 1-15 GV2 阀杆与油动机发生相对位移

三、故障分析

一般的阀杆断裂多发生在阀杆头部，而汽轮机调节阀阀杆脱落发生在阀杆与阀杆套的接合处。与阀杆断裂不同的是，汽轮机调节阀阀杆脱落不是瞬间完成的，往往需要长达半月之久的时间来完成松动、扭曲与脱落这一过程。阀杆松动初期，该问题往往很难发现；在松动后期，机组负荷变化时，阀门开度常会出现晃动现象，尤其是在降负荷阶段；当阀杆相对阀杆套发生扭动时，一般情况下起固定作用的销钉已经断裂，可观察到断裂的销钉突出在销孔以外的现象；阀杆彻底脱落时的现象较为明显，一般会表现出汽轮机高压端转子振动与轴承金属温度突变、汽门大幅度晃动、机组协调失稳、出力不足等现象，在阀门全开的情况下，可以看到阀杆与阀杆套之间存在明显相对位移。

图 1-16 所示为该机组调节阀阀杆与油动机接合处的结构。阀杆与阀杆套通过螺纹连接，连接后配装销钉（$\phi 12 \times 120$），销孔配合间隙为 $0 \sim 0.01mm$，阀杆与阀杆套定位处配合间隙为 $0.05 \sim 0.15mm$，阀杆顶部与阀杆套之间有螺纹连接。

对该汽轮机检修时发现，阀杆和阀杆套螺纹齿尖磨损程度已超过一半，阀杆与连接套之间的圆柱销钉已断裂，阀杆轴头与阀杆套底孔之间有锈迹。分析认为，向上或向下的过大拉力作用造成连接螺纹及销子损坏是阀杆脱落的直接原因，而圆柱销钉材质不合格、安装工艺不合理也是重要的影响因素，具体表现在以下四个方面。

1. 阀杆套底孔加工失误

为保证汽轮机打闸停机时各调节阀能够快速关闭，油动机弹簧的作用力需通过阀杆端面可靠地传递至阀头。设备厂家要求，阀杆装配时需要着色检查确认阀杆轴头端面与阀杆套底孔接触面积不小于 80%，然后再装配固定销钉。但对阀杆脱落的调节阀进行解体后发现阀杆套底孔并非平面，而是一个弧面，如图 1-17 所示，而阀杆轴头端部为一平面，两者的接触为线接触。最后确认，设备出厂前底孔用钻头加工后缺少铣平的工序，造成底孔为钻头加工后形成的圆弧面，阀杆轴头与阀杆套底孔不是面接触。在机组运行中，阀杆套底孔与阀杆轴头由于线接触受力而产生变形进而产生间隙，阀门关闭时弹簧巨大的冲击力直接作用在连接螺纹和销钉上，造成连接螺纹和销子的损坏。

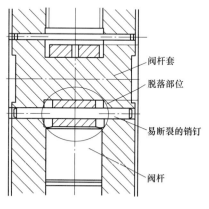

图 1-16　阀杆与阀杆套装配图

图 1-17　调节阀阀杆套底孔

2. 连接螺纹配合间隙过大

阀杆与阀杆套连接螺纹为 $M56 \times 2mm$，按照 GB/T 197—2003《普通螺纹公差》的规定，螺纹配合间隙应为 $0.12 \sim 0.25mm$，而实际安装时阀杆与阀杆套配合间隙为 $0.40 \sim 0.70mm$，这就使得内外螺纹接触面积过小，螺纹受力时极易损坏，如图 1-18 所示。

3. 圆柱销材质与设计不符

阀杆与阀杆套的定位圆柱销材质应为 C422，即 2Cr12Ni1Mo1W1V。而对断裂的销子（见图 1-19）检验发现，其实际材质为 45 钢，与设计不符，造成圆柱销强度不够，易发生损坏。

图 1-18　损坏的阀杆轴头螺纹

图 1-19　断裂的销钉

4. 安装工艺不当

按要求，阀杆装配时，阀杆与阀杆套之间紧力矩为 904N·m，但实际安装时并未采用力矩扳手，就存在安装紧力不足的可能；同时阀杆套上的销孔大于阀杆上的销孔，圆柱销钉与阀杆套的间隙过大。该类型汽轮机调节阀阀头为球形，有较好的流量特性，但其阀座喉部易出现压力脉动，造成阀杆垂直或横向振动。产生汽流激振。在此影响下，阀杆发生转动，加剧阀杆套螺纹磨损，磨损后轴向间隙进一步扩大，在振动的影响下，固定销钉承受交变应力的作用，长时间后发生销钉弯曲甚至金属疲劳断裂。安装时如螺纹上有毛刺等缺陷，也可能造成安装时螺纹咬死，使得螺纹紧力达到而接触端面未受力，在运行中螺纹也会受力损坏。

四、处理方法

机组在运行时，及时发现汽轮机调节阀阀杆松脱现象可以将其产生的危害降到最低，加强相关运行数据，尤其是调节阀开度、轴承金属温度与转子振动等数据的检查和对比可以发现阀杆松动异常，及时处理，避免事故扩大。另外，对阀杆与阀杆套之间的相对位置进行标记，可以帮助观察两者之间是否发生相对位移，有助于对事故的判断。阀杆脱落后，如能够确认阀门仍可以正常关闭，可以采取临时固定措施，保持阀门在一定范围内开关，而不影响机组的正常运行，并择机处理。

汽轮机检修时，安装前要检查确认阀杆与阀杆套配合螺纹间隙符合要求，确保各部件材质无误，连接螺纹应光洁无毛刺等缺陷。在安装时严格按照紧力要求，将阀杆紧固到位，同时进行着色检查，确保阀杆轴头端面与阀杆套底孔接触面积不小于80%。如阀杆销孔与阀杆套销孔错位，则可采取在阀杆端面与阀杆套底孔之间加垫片的方法。在销孔基本不错口的情况下，重新铰孔并配装销子，保证阀杆套、阀杆的销孔与圆柱销的配合间隙为0~0.01mm。在检修中如未更换阀杆套和阀杆，在销孔错口无法调整到位的情况下，可以在与原销孔90°方向重新打孔并配装销钉。该机组长期运行结果表明，经上述处理后，汽轮机调节阀阀杆脱落现象基本消失。

五、结论与建议

高压调节阀阀杆脱落现象在不同类型国产600MW等级汽轮机组上均有发生，在新投产的机组上更为常见，首次脱落一般发生在新机组投产一年半左右。该问题应引起各方面的重视，加强运行监视与分析，制订好相应的事故预案，防止因阀杆脱落导致机组停运甚至烧瓦等恶性事故的发生。调节阀检修时，应对上述各个问题进行检查，严格执行安装工艺，保证安装质量，采用更为合理的阀门连接方式，以彻底避免发生螺纹损坏造成阀杆脱落。

[案例5] **600MW 汽轮机再热调节阀快关异常导致超速**

一、设备简介

某电厂一台汽轮机组是由日本东芝公司（TOSHIBA）生产的 600MW、亚临界、一次中间再热、单轴、四缸、四排汽、冲动、双背压冷凝式汽轮机，型号为 TC$_4$F，共有两个主汽阀（MSV）、四个调节阀（GV），以及两个由再热阀（RSV）和再热调节阀（IV）组成的再热联合汽阀。系统设计有甩负荷预测功能，即以调节级压力为表征，当负荷大于30％额定负荷、发电机解列时，系统会触发超速控制（OPC）动作信号，各调节阀与再热调节阀快速关闭；当汽轮机转速降到 3090r/min 以下且并网信号消失 2s 后，OPC 复归，调节阀与再热调节阀将会在关闭后重新开启，并维持汽轮机转速为 3000r/min；如果汽轮机转速超过 3090r/min，OPC 会再次动作，以进一步抑制汽轮机转速的飞升。

二、故障过程

在汽轮机控制系统改造后，该机组进行了甩负荷试验。甩50％额定负荷试验时，汽轮机最高转速到 3084r/min，在正常范围内，其他参数没有发现任何异常；但在随后的甩100％额定负荷试验时，汽轮机超速保护动作，最高转速达到 3405r/min。图 1-20 和图 1-21 所示分别为两次甩负荷试验的录波曲线。

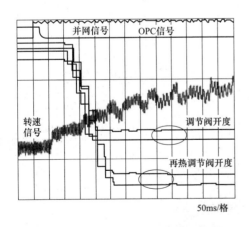

图 1-20　甩50％额定负荷试验曲线

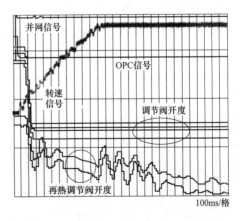

图 1-21　甩100％额定负荷试验曲线

甩100％额定负荷试验的主要过程参数如下：从并网信号消失开始计时，22ms 后，OPC 功能动作；119ms 后，调节阀与再热调节阀开始快关；242ms 后，四个调节阀全关，此时两个再热调节阀（IV1/IV2）的开度分别为44％与42％；334ms后，IV1/IV2开度反弹到72％/65％，随后一直反复波动；850ms后，转速达到3300r/min，汽轮机超速保护动作，主汽阀与再热阀快关；两个再热调节阀开度仍反复波动；1.1s后，转速达到最高值3405r/min，随后下降；3.63s后，IV2关到0；3.77s后，IV1关到0。

三、故障分析

上述过程表明，两个再热调节阀快关异常是导致甩100％额定负荷时汽轮机超速的直接原因。一般情况下，大型汽轮机组的调节阀与再热调节阀均设计有快关功能，在汽轮机不跳闸的情况下通过相应的电磁阀来实现这两种阀门的快速动作，以达到迅速减小汽轮机的有功输出、抑制其转速飞升的目的。这一快关功能是确保汽轮机在功率负荷不平衡或甩负荷工况下安全运行的有效手段。调节阀与再热调节阀的快关动作过迟或动作过慢均会造成甩负荷时汽轮机转速飞升。实践表明，调节阀与再热调节阀的快关动作过程易受其周围蒸汽环境的影响，由于甩50％、100％额定负荷试验时相应的两次再热蒸汽压力差别较大，初步认为再热调节阀快关异常的原因与再热蒸汽压力有关。为了进一步判断，进行了动态情况下的再热调节阀快关试验。

再热调节阀快关试验在机组正常运行时进行，通过强制快关电磁阀动作，使一只再热调节阀快关，得到不同负荷下再热调节阀快关动作情况，主要结果如表1-1所示，相关试验曲线如图1-22所示。

表 1-1　　　　　　　　　　　　　再热调节阀快关试验结果

负荷 （MW）	再热蒸汽 压力（MPa）	再热调节阀动作过程	相关 曲线
450	2.48	135ms后，从全开关到23％；240ms后，反弹到57％， 后又波动一次；0.965s后，全关	图1-23（a）
293	1.6	140ms后，从全开关到0；220ms后，反弹到12％，0.53s后，全关	图1-23（b）
278	1.5	140ms后，从全开关到0；225ms后，反弹到6％，0.495s后，全关	图1-23（c）
260	1.4	140ms后，从全开关到0；没有反弹	图1-23（d）

上述试验结果结合两次甩负荷试验数据，可以得到表1-2所示分析结果。

图1-23所示为该汽轮机再热调节阀内部结构，包括预启阀、均压室、再热调节阀阀芯和再热阀阀芯。汽流先后通过再热调节阀与再热阀，进入中压缸。正常情况下，阀门关闭时，阀杆带动预启阀运动；在失去预启阀支承后，再热调节阀阀芯在平衡的蒸汽力作用下，呈自由落体状态向下运动；在预启阀与阀芯紧密结合之前，均压室内压力基本与阀芯下部压力平衡，阀门在弹簧力的作用下可正常关闭，但如果在阀门完全关闭之前预启阀就与阀芯紧密结合，当阀门继续向下关小时，均压室内压力会因容积增加而变小，阀芯受力平衡受到破坏；在某个开度下，当向上的力大于弹簧关闭力时，阀芯就会向上运动，从而带动阀杆向上运动，此时均压室的容积又会缩小，同时少量蒸汽也会通过阀门和阀门套筒

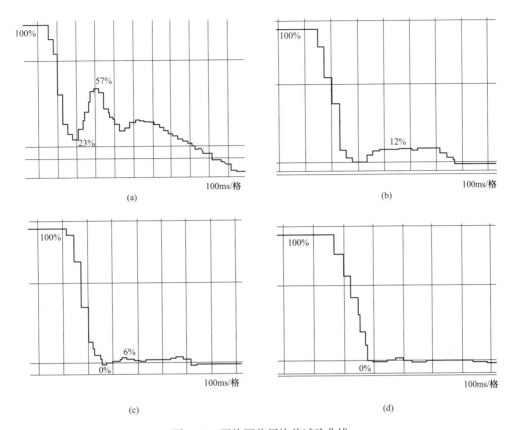

图 1-22 再热调节阀快关试验曲线

（a）450MW 时试验曲线；（b）293MW 时试验曲线；（c）278MW 时试验曲线；（d）260MW 时试验曲线

表 1-2 　　　　　　　　再热调节阀快关过程异常分析结果

编号	异常情况	分析结果
1	两个再热调节阀快关均异常，且动作过程完全一致	有一个共性的、系统性的原因造成再热调节阀快关异常，可以排除阀门卡涩等原因
2	甩 100%额定负荷时再热调节阀快关异常分两个阶段，第一阶段动作过程与表 1-1 所示 450MW 负荷的试验结果一致；每次波动周期基本为 200ms，并且两个阶段中每次波动周期基本一致	两个阶段波动周期相同，说明两个阶段诱发波动的原因是相同的；450MW 负荷 Ⅳ 快关试验时阀门波动周期与甩负荷试验时相同，说明这两种情况下诱发波动的原因也是相同的
3	甩 100%额定负荷时再热调节阀第二阶段的波动起点基本与再热阀全关时刻一致	第二阶段的波动是由再热阀快关引起的
4	表 1-1 所示试验在再热蒸汽压力为 1.5MPa 时，再热调节阀快关时仍有明显波动，但在甩 50%额定负荷试验、再热蒸汽压力为 1.55MPa 时却没有异常	再热调节阀快关时波动与再热蒸汽压力及阀门前后压差有关
5	两个再热调节阀快关时净关闭时间仅有 100ms，而该电厂后期投产的其他几台同类型机组这一时间约为 380ms	汽轮机厂家对该机型进行过改进，快关速度过快是造成再热调节阀快关异常的主要原因

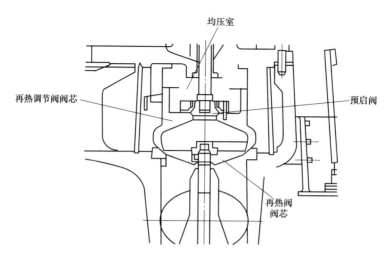

图 1-23　再热调节阀内部结构

之间的间隙进入均压室，室内压力增加，这又会促使阀门关闭。上述动作会反复进行，表现出来就是快关时再热调节阀开度在反复波动中逐渐减小，并最终关闭。从以上分析可见，降低再热调节阀均压室内压力的变化速度是解决这一问题的关键。方法有两个，一个是延长阀门快关时间，另一个是消除均压室封闭空间。

四、改进措施

结合现场设备情况，可选择的改造措施如下：①延长油动机的快速关闭时间，这样可以有效避免由阀杆带动的预启阀与阀芯一起关闭的情况出现。②将预启阀行程从 22mm 增加至 32mm，避免其与阀芯过早紧密结合。为实现上述措施，需要调整或更换再热调节阀油动机，将阀杆、预启阀和十字头重新组装，并更换或重新加工弹簧室顶板座。这样做不仅费用高，而且也会带来阀门快关时间超标（大于 300ms）的问题。因此，现场没有采用这一改造措施。

消除均压室封闭空间也是可行办法之一，具体途径有三个：①在再热调节阀阀芯上打孔。②加大再热调节阀阀套与阀芯的间隙。③在再热调节阀套筒上打孔。分析认为，在阀芯上打孔会造成再热调节阀泄漏；加大阀套与阀芯的间隙易引起阀芯对中不准确，运行时阀芯容易出现振动；而在套筒上打孔是最可行、可靠的措施。

经过比较与计算确认，如果在再热调节阀套筒沿圆周均匀加工出 10 个直径为 15mm 的圆孔，如图 1-24 所示，其漏汽量就可以消除阀门快关对均压室内压力的影响，从而确保阀门动态时正常快速关闭。现场正是按这一方法进行再热调节阀结构改进的，图 1-25 所示为调节阀套筒打孔后的实际照片。

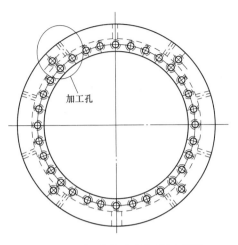

图 1-24　调节阀套筒打孔示意图

图 1-25　调节阀套筒现场加工情况

阀门结构改进完成后，再次对动态情况下的再热调节阀快关过程进行测试。测试时机组负荷为 423MW，主蒸汽压力为 14.6MPa，再热蒸汽压力为 2.3MPa，通过强制使汽轮机单侧再热调节阀快关动作。结果表明，IV1 在快关电磁阀动作 62ms 后开始快关，220ms 后完全关闭；IV2 在快关电磁阀动作 93ms 后开始快关，201ms 后完全关闭。两次试验均没有出现表 1-1 所示再热调节阀开度反复波动的现象，图 1-26 所示为其中一次的测试曲线。这一结果说明，再热调节阀套筒上打孔这一改进措施是

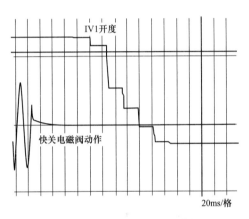

图 1-26　结构改进后 IV1 动态快关曲线

有效的，该机组再热调节阀动态时快关过程异常问题得到有效解决。

五、结论与建议

动态快关时再热调节阀均压室内压力突降是导致阀门快关过程异常的根本原因，再热调节阀阀套与阀芯的间隙过小、阀门快关速度过快加剧了这一异常现象，对阀门结构进行改进可消除这一设计缺陷。汽轮机阀门快关时间的确定与其快关过程机理有关，不能过于追求过高的阀门快关速度，尤其是在机组改造时应特别注意这一情况，避免弄巧成拙。

该机组甩负荷试验是在严格遵守目前甩负荷试验相关规定的情况下进行的。依据目前的规定，只进行静态情况下的快关动作试验，并不能提早发现它们在动态情况下动作过慢的问题，建议在甩负荷试验之前应对调节阀与再热调节阀在动态情况下的快关情况进行全面评估或测试，防止因此导致的汽轮机超速甚至整机毁坏的严重后果。

660MW 机组汽轮机高压内缸法兰螺栓断裂

一、设备简介

　　某汽轮机是东方汽轮机厂生产的 600MW 超临界、中间再热式、高中压合缸、三缸四排汽、单轴、凝汽式汽轮机，机组型号为 N600-24.2/566/566。汽轮机高中压内缸为整体铸造，高压内、外缸夹层与中压内、外缸夹层隔离，高压内、外缸夹层通向高压缸排汽，中压内、外缸夹层通向三级抽汽。该机组于 2015 年 7 月完成通流改造，增容为 660MW 机组，其汽轮机高中压内缸全部改型，汽轮机高中压外缸仍采用原东方汽轮机厂外缸。图 1-27 所示为该机组汽轮机高中压缸剖面结构图。

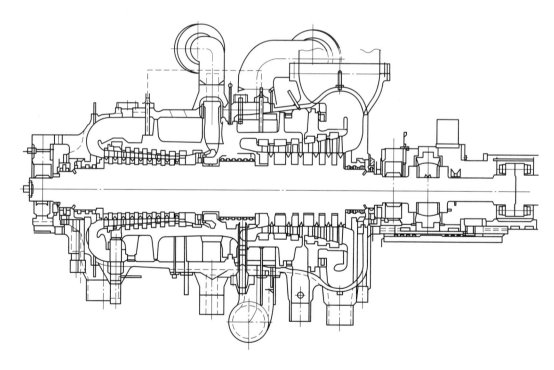

图 1-27　高中压缸结构图

二、故障描述

　　自 2016 年 6 月开始，该机组在同等负荷工况下，汽轮机高中压缸一些重要参数开始出现异常变化。对比数据发现，该机组汽轮机高中压缸参数变化情况如下：高压内缸下半内、外壁温分别升高 11、21℃左右，高中压缸外缸中压进汽处上、下半内壁温分别升高约 81、57℃，中压进汽室内、外壁温分别升高约 7、57℃，三级抽汽蒸汽温度升高约 11℃，左、右侧汽缸总胀均增大 4～5mm，高中压胀差缩小约 3.6mm。初步判断，该机组汽轮机高中压缸出现了泄漏，高温蒸汽漏入高中压内缸夹层，导致内缸外壁和外缸内壁被加热，出现外缸区域的金属壁温升高、汽轮机缸胀变大、胀差缩小的故障现象。

三、故障分析与判断

根据高中压外缸区域壁温上升、汽缸膨胀变大、胀差缩小等故障现象，判断高中压缸漏汽部位应在高中压缸高温区域。从高中压内缸结构看，可能存在的漏汽点为高压进汽短管、高压进汽短管与外缸的密封环、高压进汽短管与内缸法兰、中压进汽短管、中压进汽短管与内缸的密封环、中压进汽短管与外缸法兰、过桥排放管密封处、高中压内缸中分面法兰等部位。

若高中压缸泄漏部位发生在进汽管、排放管与各缸连接法兰、密封面等处，则泄漏量是由于密封不严造成的，泄漏量有限，一般可通过持续监视缸温、缸胀等参数来判断泄漏量是否稳定，机组运行安全是否受控。若高中压缸泄漏部位发生在高中压内缸中分面法兰部位，则有两种可能性：一种是高中压内缸安装扣缸时不到位、不规范，或内缸产生了变形量所致，这种情况所产生的泄漏量通常情况下一般会较长时期保持一定的泄漏量，在短期内不会持续恶；另一种可能是高中压内缸中分面部分螺栓发生断裂，导致高中压内缸中分面因螺栓紧固力不够而漏汽。

若汽轮机高中压内缸中分面出现螺栓断裂的情况，因高中压缸外缸中压进汽处上、下半内壁温升最高，则螺栓断裂位置应基本位于高压内缸和中压内缸隔离区域附近。汽轮机高中压内缸中分面螺栓的具体位置分布见图 1-28，汽轮机高中压内缸螺栓共有 32 颗，其中 8 颗镍基（Nimonic80A）螺栓，24 颗 X19 铬钼螺栓。由于镍基材质螺栓长期在高温、高压的恶劣环境工作，受机组启停、负荷快速变动等因素影响，螺栓因安装紧力、伸长量等原因，可能导致镍基材质性能下降。在目前的工程应用中，已有发生多次汽轮发电机组镍基螺栓断裂事故，因此，高压内缸和中压内缸中分面的 8 颗镍基螺栓也存在部分断裂或全部断裂的可能性。

高压内缸区域靠近高压进汽侧压力最高，所需密封紧力最高；中压内缸区域靠近中压进汽侧压力是中压内缸区域最高的，所需密封紧力也是中压内缸区域最高的。高压内缸区域的镍基螺栓为 32 颗螺栓中尺寸最大的，螺栓为 M160×6.0TK，对内缸中分面法兰密封提供主要紧力，若其发生断裂，中分面法兰的密封紧力将由其余内缸小螺栓提供，这无疑会增加小螺栓的承压任务；中压内缸区域的镍基螺栓的功能与此相似。若任由内缸泄漏发

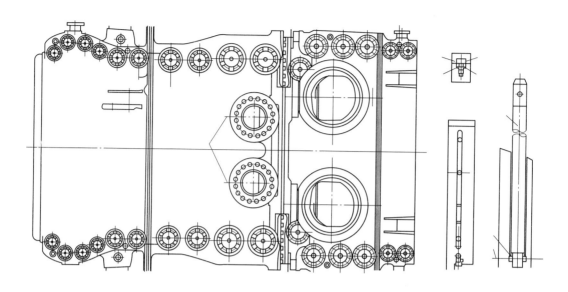

图 1-28　汽轮机高中压内缸中分面螺栓分布

展，当耐受紧力超过小螺栓的设计限制时，内缸螺栓很有可能会突然被全部剪断，上下半内缸将发生分离或移位，大量高温高压蒸汽将流入高中压缸的内外缸夹层，造成高中压缸外缸超温并发生永久性变形，汽轮机转动部件发生碰磨，产生强烈振动，造成汽轮机叶片、转子、缸体等严重损毁的事故；若高中压缸外缸变形后无法密封或承压能力不足，汽轮机将发生泄漏或爆炸，高温高压蒸汽将冲入厂房，对外围人身、设备可能造成严重损害。因此，若汽轮机高中压内缸中分面法兰出现螺栓断裂的情况，机组继续运行的危险性将明显增加。

四、处理方法

为排查汽轮机高中压内缸中分面出现螺栓断裂的高风险情况，该机组后续安排了停机开缸检查。汽轮机高中压合缸开缸后，发现高压内缸靠近高压进汽侧法兰最大的 4 颗镍基螺栓已全部发生断裂，断裂的螺栓呈左、右两侧均匀布置。螺栓断裂部位位于螺栓与螺母的结合面或伸入螺母内部；有的螺栓断裂面受磨损后已较平整，说明螺栓断裂后发生了松脱，已出现转动、振动等碰磨现象，内缸有轻微移动的可能性。汽轮机高中压内缸中分面法兰螺栓断裂的实际情况见图 1-29 和图 1-30。

因该机组暂无镍基材质（Nimonic80A）以外替代材料的成品螺栓，故对 4 颗断裂的 N80A 螺栓仍采用原备品螺栓进行了更换。机组重新启动后，汽轮机高中压缸各项参数恢复正常，汽轮机高中压内缸泄漏问题得以解决。

图 1-29 高中压内缸中镍基螺栓断裂位置

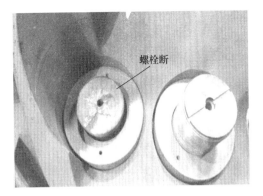

图 1-30 镍基螺栓断面

五、故障原因分析

金属检测机构对汽轮机高中压内缸法兰面断裂 Nimonic80A（NiCr20TiAl）镍基螺栓的研究检测结果如下：①高中压内缸 N80A 镍基螺栓的断口呈现脆性断裂特征。②螺栓样品的金相组织不佳，金相组织中晶粒度大小严重不均匀，螺栓横截面金相组织显示存在混晶现象，沿螺栓轴向方向存在明显的带状组织，断口附近有大量沿晶裂纹，其中纵向裂纹大多从粗晶区与细晶区的交界处萌发。③断裂螺栓的断口扫描电镜分析，其断口形貌呈现典型的脆性断裂特征，局部位置存在二次裂纹，能谱分析其成分基本正常，但靠螺纹部位的断口边缘 Fe 元素含量相对较高，其原因有待进一步分析。④螺栓样品的室温拉伸试验、布氏硬度测试、冲击测试结果均符合相关标准要求。分析认为：N80A 镍基螺栓的断裂可能是由于螺栓质量问题或热加工问题、结构应力较大（如缸体与螺栓膨胀系数可能不匹配、螺栓热紧伸长量偏大）等因素所致。

某公司对断裂的镍基材质（Nimonic80A 简称 N80A）螺栓开展了研究分析，研究结果表明：螺栓是由脆性机制导致断裂，断裂由一种晶间裂纹扩展机制导致。N80A 材质螺栓在运行温度低于 500℃时，N80A 材料会经历晶格收缩，增加螺栓应力。N80A 材质螺栓长期处于低于 500℃的环境，可能导致金属晶体颗粒收缩，这一结果源自 Ni 和 Cr 原子形成有序结构（Ni2Cr），因此晶格参数减少。已有文献报道，在 450℃的环境下，N80A 的晶格收缩率达 0.115%，这种"负蠕变"效应会导致螺栓应力的增加；在 500℃及以下温度的测试中，随着时间的推移，材料的恒应变随时间增加了 0.15%。由于该机组螺栓运行在 475℃左右，因此负蠕变可能是导致螺栓失效的因素之一。虽然该公司未能在实验室证实负蠕变晶格收缩的存在，但现有文献报道与运行经验表明，根据机组的实际运行情况，N80A 材质螺栓长期处于 475℃左右的运行环境下，负蠕变仍可能是螺栓断裂的一个潜在影响因素。该公司也同步对 X19 铬钼材质螺栓开展了相同的试验分析及研究，结果表明，X19 铬钼材质既能满足较低温度下的长期运行，也能满足满负荷运行的要求。因此，更换为 X19 铬钼材质螺栓可以消除这一风险。

综合以上分析，认为汽轮机高中压内缸法兰面 Nimonic80A（NiCr20TiAl）镍基螺栓断裂的原因可能与螺栓长期接触 500℃以下较低温度环境，负蠕变效应导致螺栓质量失效有关。

六、结论与建议

目前，通流改造的机组很多，对采用 N80A 材质螺栓作为汽轮机内缸中分面法兰螺栓的汽轮机而言，在日常运行中应注意观察汽轮机参数的变化情况，尤其是内外缸壁温度、汽轮机缸胀及胀差等一些重要参数的变化情况，及时开展分析，判断内缸是否存在泄漏情况。

为了防止汽轮机内缸中分面法兰采用 N80A 材质螺栓的机组在运行过程中再次发生螺栓断裂风险，建议待制造出 X19 铬钼材料同尺寸成品螺栓后，应择机将同类型改造机组高中压内缸中分面的全部 N80A 材质螺栓替换为 X19 铬钼材料螺栓，彻底消除负蠕变影响对 N80A 螺栓断裂造成的潜在威胁。

超超临界汽轮机扩散器及汽门密封面裂纹

一、设备简介

　　浙江省内的上汽-西门子超超临界汽轮机分为德国原装进口和上海汽轮机制造厂部分或全部国产化两类，目前已投产的电厂有 8 个，共 18 台机组，其中 1000MW 容量机组有 12 台，660MW 容量机组有 6 台。其中 2 台 1000MW 容量汽轮机组为德国原装进口机组；其余 1000MW 和 660MW 容量汽轮机组均为部分或全部国产化机组。

二、故障描述

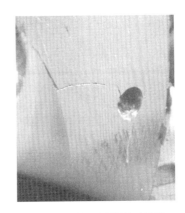

　　近几年来，浙江省内多台上汽-西门子超超临界汽轮机先后出现中压调节汽门后扩散器裂纹和汽门阀座及阀芯密封面裂纹等严重缺陷。截至 2016 年底，出现中压调节阀后扩散器裂纹缺陷的电厂有 4 个，共 6 机组台，占总机组数的 33.33%；出现汽门阀座及阀芯密封面裂纹缺陷的电厂有 5 个，共 10 台机组，占总机组数的 55.55%。图 1-31 和图 1-32 所示为中压调节阀后扩散器裂纹典型故障图，图 1-33 所示为高压汽门阀座密封面裂纹典型故障图。

图 1-31　中压调节阀后扩散器裂纹典型故障（一）

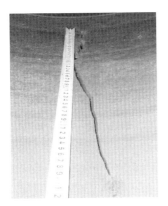

图 1-32　中压调节阀后扩散器裂纹典型故障（二）

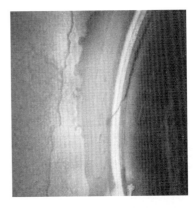

图 1-33　高压汽门阀座密封面裂纹典型故障

三、故障危害

1. 扩散器裂纹危害分析

扩散器位置示意图见图1-34。从结构上看，中压调节阀后扩散器的位置处于中压调节阀和中压内缸之间，其作用主要是连接中压调节阀和中压内缸，对进入中压缸的蒸汽进行导流。当扩散器出现裂纹，尤其是裂纹贯穿扩散器的整个壁厚时，高温高压蒸汽会沿着扩散器裂纹进入中压外缸，导致中压外缸内蒸汽压力和温度升高，如超出制造厂设计限制，则会对汽轮机外缸造成致命损害。同时，泄漏的蒸汽还会沿着中压外缸与内缸的夹层流向中压缸的排汽端，造成中压缸排汽温度升高，如果超过制造厂的限制，将对中压转子末级叶片造成损伤，甚至导致断裂；过高的排汽温度也会对中压缸排汽管路造成损害。此外，若扩散器长时间处于裂纹状态运行，随时可能造成扩散器整体断裂的严重安全事故。

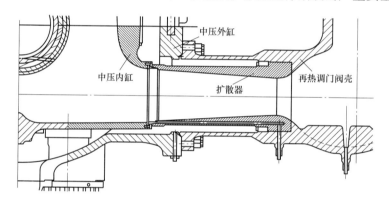

图1-34　扩散器位置

2. 汽门阀座及阀芯密封面裂纹危害分析

浙江省内多数西门子超超临界机组已投运多年，近年来，汽轮机汽门阀座及阀芯密封面出现裂纹的情况呈逐年增多现象，甚至某些机组汽门阀芯、阀座密封面裂纹呈现大批量集中爆发趋势。随着阀座及阀芯密封面裂纹扩大和加深，随时可能会造成阀座及阀芯密封面的金属部件脱落并进入汽轮机的高压缸通流部分，从而损坏汽轮机通流部分，造成叶片变形或断裂、转子受损，对机组安全运行构成严重威胁。

四、故障分析

1. 扩散器裂纹原因分析

从统计结果看，浙江省内共有4台上汽-西门子超超临界汽轮机中压调节阀后扩散器出现裂纹，发生的位置基本都在扩散器内壁的疏水孔附近，裂口以疏水孔为起点的纵向发展，裂纹最长约 500mm，最宽约 15mm，已经有裂纹自疏水孔贯穿外壁、将整个扩散器外壁裂穿。有的裂纹断口表面有一层很厚的灰黑色氧化皮，属于典型的高温氧化产物，这表明在解体检查之前，扩散器上的裂纹已经出现了一段时间。图 1-35 所示为扩散器裂纹剖面。

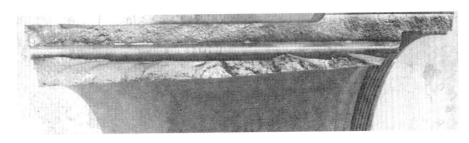

图 1-35　扩散器裂纹剖面

从断口上看，疏水孔外侧断口相对平整，可见疲劳条带；疏水孔内侧的断口表面不平整，也有疲劳条带，但源区不止一个，为多源区疲劳扩展，有的由内向外扩展，有的由外向内扩展，宏观观察断口应属于疲劳断裂。

在断口附近取力学性能试样、金相分析试样及化学分析试样，材料为 GX12CrMoWVNbN10-1-1，测试结果如下：

（1）力学性能见表 1-3。

表 1-3　　　　　　　　　　　　　　扩散器材料的力学性能

力学性能	σ_b(MPa)	$\sigma_{0.2}$(MPa)	A(%)	Z(%)
标准值	680～850	≥520	≥15	≥40
实测值	732	500	15.4	30.8

（2）化学分析见表 1-4。

表 1-4　　　　　　　　　　　　　　扩散器材料的化学成分

元素	C	S	Mn	P	Si	Cr	Ni
实测值	0.096	0.002	1.084	0.012	0.309	10.15	0.581
标准值	0.11～0.14	≤0.01	0.8～1.2	≤0.02	0.2～0.4	9.2～10.2	0.6～0.8

元素	Mo	V	Al	Nb	N	W	
实测值	0.978	0.245	0.007	0.071	0.051	1.04	
标准值	0.9～1.05	0.18～0.25	≤0.02	0.05～0.08	0.04～0.06	0.95～1.05	

从表 1-3 和表 1-4 所示的测试结果可以看出，扩散器材质的力学性能中 $\sigma_{0.2}$ 和 Z 两项指标未达标，化学分析中 Ni 的含量低于标准值。由此可见扩散器的材质成分含量、力学性能都与材质的标准要求有偏差。

扩散器裂纹主要出现在疏水孔附近，靠近扩散器加工过程中的定位槽，应力比较集中，而疏水孔附近抗应力性能较扩散器其他部位薄弱，断裂口的疲劳裂纹显示此处受到的应力较大，工作温度高，环境恶劣，容易产生疲劳损伤、形成裂纹。从扩散器断面的现场检查结果看，疏水孔内侧断口表面不平整的疲劳条带，是多源区疲劳扩展造成的，而疏水孔外侧断口表面是相对平整的疲劳条带。因此，扩散器的断裂口应该是先从内表面发起，然后逐步向外表面扩展，最终将整个扩散器筒壁贯穿撕裂，有的由内向外扩展，有的由外向内扩展。

分析认为，造成扩散器出现裂纹的原因有以下几方面：

（1）扩散器材质成分与要求值有偏差，部分力学性能有所降低，长期在高温环境下运行，更易造成扩散器疲劳损伤。

（2）扩散器加工工艺不合理，定位槽附近应力比较集中，运行中不仅无法消除集中应力，反而会因热应力的原因，造成疏水口附近所受的实际应力超出其使用极限。

（3）机组冷、热态启停，快速加减负荷，特别是汽轮机快冷装置投运时冷却速率控制不佳都可能造成热应力增加，加快扩散器疲劳损伤。

2. 汽门阀座及阀芯密封面裂纹原因分析

西门子公司原设计为汽轮机汽门阀座及阀芯 12Cr 钢母材上直接堆焊司太立硬质合金密封面，两种材质物理性质差异较大，高温下长期运行以后，在母材与硬质合金的界面上形成了脆性相，受高温恶劣环境、多次冷、热态启停，以及快冷装置投用等多种综合因素影响，在应力作用下容易产生开裂。

五、处理方法

1. 扩散器裂纹处理方法

目前，面对中压调节阀后扩散器裂纹问题，若现场条件不允许可安排临时修补后使用，彻底处理需对中压调节阀后扩散器进行整体更换，取消扩散器疏水孔设计，避免在疏水孔附近的应力集中薄弱部位产生疲劳裂纹。

2. 汽门阀座及阀芯密封面裂纹处理方法

目前，面对汽门阀座及阀芯密封面裂纹问题，主要的处理方案有两种：一种是将原司太立合金密封面切除后，采用镍基合金过渡层加司太立合金堆焊密封面；另一种是将原司太立合金密封面切除后，全部采用镍基合金堆焊密封面。

六、结论与建议

上汽-西门子超超临界汽轮机出现的扩散器裂纹，以及汽门座及阀芯密封面裂纹等缺陷问题已严重威胁到汽轮机的安全、稳定运行，应引起各方的高度重视。建议相关电厂做好以下四个方面的工作：

（1）加强对汽轮机加强日常监视和巡查工作。加强对汽轮机轴承振动、瓦温、轴向位移的监测，尤其应加强对中压排汽温度及中压调节汽门后扩散器温度的监视，做好相关数据记录和分析工作，尽可能早地发现问题，并做好相应的防范措施，减少损失。

（2）加强维修检查工作。尽量利用机组的每次停机机会，对扩散器、汽门阀座及阀芯密封面进行检查，对不能明确判断或无法检查的部位，可以采用 PT（渗透检测）、UT（超声检测）的方式进行监测。如利用 UT 对扩散器、汽门阀座及阀芯密封面进行探测时，发现有散波现象，表明受检部位有损伤或已出现断裂，应立即更换或处理。

（3）尽量减少机组冷态启动次数，合理控制快冷速度。

（4）与上汽厂及各相关研究机构积极沟通、合作和研究工作，寻求最终解决办法。

超超临界汽轮机中压汽门螺栓断裂

一、设备简介

近年来，随着超超临界机组的快速发展，上海汽轮机厂生产的超超临界汽轮机凭借其优异的经济性能，迅速占据了国内超超临界机组市场的绝大部分份额。在国内，该厂生产的超超临界汽轮机主要有 660、1000MW 两个等级，两种机组的主要差别在于通流能力，其他技术细节基本相同。该型式汽轮机共有 9 只汽门，其中高、中压主汽门各 2 只，高、中压调节汽门各 2 只，补汽阀 1 只；中压主汽门、中压调节汽门阀盖螺栓材料为 Alloy783 合金，该合金是一种 Co-Ni-Fe 基，添加 Nb、Al、Cr 等元素来提高强度和抗氧化性能的低膨胀高温合金。该合金用在汽轮机上作为高温坚固件尚属首次，国内厂商对其工艺参数掌控不全，使用经验不足，近年来国内多台超超临界汽轮机先后出现中压汽门端盖螺栓断裂的情况。

二、故障描述

浙江省内，2007 年 11 月投产的某 1000MW 汽轮机，在 2013 年 5 月发现中压主汽门超声检测有缺陷，螺栓硬度偏高，共更换 23 根螺栓；中压调节汽门螺栓共断裂 15 根，更换 21 根。2009 年 9 月投产的某 1000MW 汽轮机，在 2015 年 2 月发现 A 中压调节汽门有 1 根螺栓断裂，4 根螺栓松动；A 中压主汽门有 5 根螺栓断裂，8 根松动。2010 年 3 月投产的 660MW 汽轮机，在 2013 年检修时发现，A 中压主汽门 1 根螺栓断裂。这些缺陷严重影响着机组的安全运行。从缺陷统计的情况来看，越早投产的机组出现螺栓断裂的情况越严重。图 1-36 和图 1-37 所示为中压主汽门端盖螺栓断裂典型故障图。

三、故障危害

中压主汽门、中压调节汽门的端盖主要对汽门室内蒸汽起密封作用，螺栓的作用主要是将端盖与汽门阀体紧密结合。因汽门室内蒸汽压力、温度较高，汽门螺栓的工作环境极其恶劣，特别是在机组启停、负荷快速升降等工况变化范围较大的情况下，蒸汽参数的急剧变化会导致汽门螺栓应力增加，并可能反复变化。长期在这样恶劣的环境中工作，汽门螺栓将产生疲劳和蠕变，从而使螺栓材质的内部构造结构破坏，逐渐转变为细小裂纹，并逐步扩大，最终造成螺栓断裂。汽门螺栓断裂后，汽门端盖将失去固定的支撑力，使得端盖无法密封汽门室内的蒸汽，蒸汽会从汽门与端盖的结合面外漏。汽门内高温、高压蒸汽的严重外漏对处于现场环境的人员、设备，以及机组的安全运行形成巨大危害。

图 1-36　中压主汽门端盖螺栓断裂典型故障（一）　　图 1-37　中压主汽门端盖螺栓断裂典型故障（二）

图 1-38 所示为中压主汽门螺栓断裂导致蒸汽外漏的热成像图；图 1-39 所示为中压主汽门阀壳保温因高温蒸汽外漏烧焦的现场图。

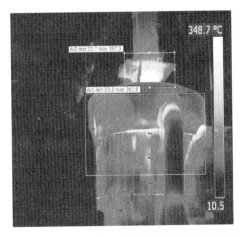 

图 1-38　中压主汽门螺栓断裂导致蒸汽外漏　　　　图 1-39　中压主汽门阀壳烧焦

四、故障分析

分析上汽-西门子超超临界汽轮机中压汽门螺栓断裂缺陷情况，发现中压汽门螺栓产生缺陷的数量与使用时间有关，国产螺栓投产 5 年、进口螺栓投产 7 年，是螺栓断裂故障的高发期。中压汽门端盖螺栓属于耐高温、低膨胀系数、高强度的新型材料，长时间在恶劣工况使用后，其性能会逐渐下降，产生疲劳和蠕变，直至断裂。

1. 螺栓材质分析

出现断裂或缺陷的螺栓材质为 ALLOY-783 材质，某电厂 A 提供的德国西门子关于进口机组缺陷螺栓材质的分析报告显示，螺栓的化学成分分析、螺栓中间轴的机械性能分析、螺纹末端的机械性能分析结果均与说明书一致或与预期值一致；缺陷螺栓的强度（通过拉伸试验）分析显示，极限抗拉伸强度高于完好的样品。

某电厂提供的有关分析资料显示，对国产1000MW机组断裂螺栓的研究表明：国产螺栓材料的化学成分和室温力学性能指标均满足采购标准要求，但对比新旧螺栓发现，塑性性能相比新材料出现了不同程度的下降，其中主汽门螺栓塑性下降约为新材料的50%左右。X射线衍射表明螺栓在服役过程中发生了较大的变形。

汽门螺栓处于高温工作环境，机组冷、热态启动时金属热应力的变化，以及汽轮机快冷装置投用时冷却速率选择不合理，螺栓材质不均匀、紧固工艺不符合规范等综合因素共同作用时，将使螺栓在使用后硬度增加，脆性增大，出现断裂的螺栓，可能是螺栓所受的实际应力已超出其使用极限。某电厂对更换的新螺栓在使用后进行螺栓硬度测试，发现硬度值有所升高。表1-5所示为某电厂1000MW机组中压主汽门新螺栓使用前、后（间隔3天）的硬度测试结果。

表1-5　　　　　　　　　　　　新螺栓使用3天后硬度对比

名称	规格	轴向编号	新螺栓硬度值（HB）	新螺栓使用3天后硬度值（HB）
螺栓（新供）	M90×390	15	322	332
螺栓（新供）	M90×390	20	324	338
螺栓（新供）	M90×390	43	323	332
螺栓（新供）	M90×390	44	334	331

上述两个实例初步说明了进口与国产的中压汽门螺栓在材料性能方面的差异，结合上述使用时间对比可以推测，螺栓实现国产化后，其性能有所下降。

也有分析表明，中压汽门Alloy783合金螺栓断裂位置无明显规律，且存在纵向裂纹，预紧力过大导致其断裂的可能性不大；对断裂螺栓显微组织分析发现，合金中一次β相整体偏析严重，呈明显条带分析，晶界二次β相析出较少，怀疑是固溶处理及其后的β时效热处理不充分所致。

2. 螺栓安装方法分析

上海汽轮机厂对螺栓的安装工艺有严格的要求。根据上汽厂提供的原设计安装标准，中压主汽门和中压调节汽门端盖螺栓的设计伸长量分别为0.40～0.45mm和0.35～0.40mm；具体测量方法为：螺栓按规定力矩冷紧后，进行加热；螺栓热紧冷却后，用专用工具测量螺栓长度，与所测初始长度比较，计算螺栓伸长量，如此反复，直至合格。

在发生多起螺栓断裂事件后，上汽厂重新提供了正式的螺栓紧固方案，中压主汽门和中压调节汽门端盖螺栓的伸长量降低至0.29～0.34mm和0.24～0.29mm，并明确要求螺栓热紧时加热棒温度不超过700℃。在测量方法上也有所改变，要求以热紧时参考弧长，即螺栓按规定力矩冷紧后，进行加热；螺栓热紧转过的弧度不能超过根据按伸长量折算后的弧度（伸长 0.1mm 约合转过 9°）；螺栓热紧冷却后，用专用工具测量螺栓长度，与所测初始长度比较，计算螺栓伸长量，如此反复，直至合格。这样做的好处是避免热紧时不小心转过弧度过大，导致瞬时伸长量过大，对螺栓造成损伤，同时也可避免伸长量测量不够精确而导致的实际螺栓伸长量偏大的问题。为了使测量更加准确，上汽厂后来提供的新螺栓对测量孔底部进行了改进，由原来的锥形底改为平面底，最大程度上减少了测量误差。

上述事实说明，上汽-西门子超超临界汽轮机中压汽门螺栓断裂事件多发，很可能与其标准伸长量过大有关，适当减少标准伸长量可以降低汽门螺栓断裂的概率。

3. 螺栓工作环境分析

中压汽门螺栓工作温度高，工作环境恶劣，长时间运行后，螺栓容易造成疲劳损伤。机组频繁启停，快速加减负荷等也都会造成螺栓热应力增加，极易导致螺栓所受的实际应力超出其使用极限，更容易导致断裂事故多发。

综上所述，分析认为造成中压汽门螺栓断裂的原因有以下几种：

（1）螺栓国产后，性能有所下降。

（2）螺栓安装标准伸长量偏大。

（3）原安装工艺标准不规范或不严密，对伸长量测量方法、螺栓加热温度要求不严格，导致测量误差大，安装过程对螺栓损伤较大，容易超成螺栓材质组织结构变化、性能下降。

（4）工作环境恶劣，螺栓所受的实际应力超出其使用极限。

五、处理方法

目前，对上汽-西门子超超临界汽轮机中压汽门螺栓缺陷问题的处理方案有两种：一种是采用相同材质的新螺栓对产生缺陷的螺栓进行更换，并按照上汽厂提供的新螺栓安装方法进行安装，改变螺栓安装时的加热温度和紧固伸长量；另一种是更换螺栓时，选用其他替代材质的螺栓进行更换，目前可替换的螺栓为东汽厂制造生产的 10Cr11Co3W3NiMoVNbB 材质螺栓。

六、结论与建议

该超超临界汽轮机出现的螺栓断裂问题已严重威胁到汽轮机的安全、稳定运行，应引起各方的高度重视。到目前为止，对螺栓断裂的准确原因各方仍未达成一致意见。鉴于这种情况，电厂方面应做好日常监视、检查与维护，并做好事故的防范措施，确保人员和设备的安全。

尽量利用机组每次停机的机会，对汽门螺栓进行检查，如发现螺栓有松动，或用铁锤轻微捶击时声音异常，说明螺栓已有损伤或已断裂，需要立即更换。对不能明确判断或无法检查的部位，可以采用 UT（超声检测）、PT（渗透检测）等方式进行监测，如利用 UT 对螺栓进行探测时，发现有散波现象，表明受检部位有损伤或已出现断裂，应立即更换或处理。建议电厂高度重视超超临界汽轮机螺栓断裂问题，做好汽门日常监视和巡检工作，及时了解各汽门变化情况，发现异常情况时应立即停机，并做好汽门端盖螺栓断裂紧急停机预案。

第二章

汽轮机油系统故障

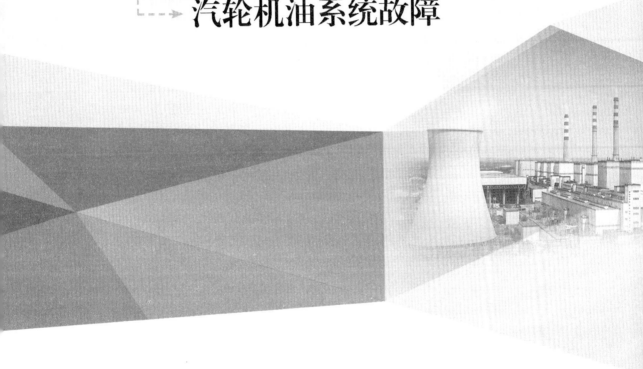

[案例 9] **EH 油系统漏油导致机组停运**

一、系统简介

汽轮机高压抗燃油系统（以下简称"EH 油系统"）是汽轮机数字电液调节系统（以下简称"DEH 系统"）的重要组成部分。EH 油系统主要包括供油系统、执行机构和保安系统；供油系统主要由 EH 油箱、EH 油泵、循环冷却装置、再生装置、油箱电加热器、供油控制块、蓄能器等组成。EH 油系统的主要功能是为汽轮机调节和保安系统提供满足压力和油质要求的高压抗燃油，并驱动伺服执行机构，执行机构响应从 DEH 送来的电指令信号，以调节汽轮机各蒸汽阀开度。

EH 油系统对阀门油动机的开关、调节和 DEH 系统遮断起着至关重要的作用，EH 油系统的正常稳定运行是机组安全运行的重要保证。

二、故障描述

故障一：2016 年 4 月 9 日，某 600MW 亚临界机组汽轮机 3 号中压调节汽门 EH 油回油管至回油总管大小头变径处因振动积累，导致产生裂缝漏油，引起主机 EH 油箱油位低，最终导致 EH 油压低，机组跳闸。

故障二：2016 年 6 月 21 日，某 1000MW 超超临界机组 EH 油供油母管与 2 号蓄能器隔离阀前接头"O"型密封圈破损，导致接头处漏油严重，EH 油母管压力低，机组跳闸。

故障三：2016 年 6 月 26 日，某 660MW 超超临界机组 EH 供油装置分油器与 1 号高压主汽门油动机供油支管接口 SAE 法兰密封"O"型密封圈破损，导致接口处漏油严重，EH 油站油箱油位下降快速，触及 EH 油箱液位低三值报警，机组被迫紧急停机。

故障四：2016 年 7 月 12 日，某 660MW 超临界机组汽轮机机械遮断阀安全油进油管接头"O"型密封圈破损，导致接头处漏油严重，机组被迫停机检修。

故障五：2016 年 9 月 24 日，某 200MW 超高压机组汽轮机 A 侧高压主汽门 AST 油管接头"O"型密封圈破裂，导致油管接头处漏油严重，机组被迫紧急停机。

故障六：2016 年 12 月 5 日，某 300MW 亚临界机组因低压供热压力调节阀溢油阀模块 EH 油管振动导致 EH 油管接头处疲劳损伤而断裂，EH 油管接头处大量漏油，触发 EH 油压低跳机保护动作，机组跳闸。

三、故障分析

上述几起 EH 油系统漏油故障导致机组停运事故，主要原因有两种：一种是 EH 油管振动导致油管出现断裂或裂缝漏油；另一种是 EH 油管接头或接口处"O"型密封圈破裂，导致密封性失效而漏油。

1. EH 油管断裂和裂缝原因分析

EH 油系统在设计、安装、运行过程中一般存在以下问题：EH 油管路设计不合理；EH 油管支架缺乏有效支撑强度；大小接头焊接热影响区应力未完全消除；EH 油管接头安装工艺不规范导致接口处存在拉切应力；液压执行机构因调节原因导致执行机构频繁振动，引起所连接的 EH 油管振动。

由于安装工艺不规范导致 EH 油管接头或接口处存在较大的拉切应力，或引起 EH 油管振动的振源长期存在，未引起足够重视并及时消除。EH 油管在低强度支撑下，主动或被迫长期处于振动状态，大小头或接头处应力作用逐渐积累，其材质从细小裂纹开始，逐渐积累成较大裂痕，最终出现较大裂缝或管道断裂的故障现象，引起 EH 油大量泄漏。

2. "O"型密封圈破裂原因分析

分析故障二中造成蓄能器隔离阀前接头"O"型密封圈破损的原因包括：①"O"型密封圈质量差，个体存在质量瑕疵。②蓄能器隔离阀前与蓄能器母管控制块连接活接头的安装空间有限，且有蓄能器放油管干涉，增加了安装难度。③2 号蓄能器隔离阀前接头"O"型密封圈在安装时存在轻微损伤，经长期运行后被瞬间冲开。

分析故障三中造成 EH 油箱分油器至高压主汽门油动机供油支管 SAE 法兰接口"O"型密封圈破损的原因包括：①"O"型密封圈质量较差，安装就位时可能存在轻微损伤。②SAE 法兰安装工艺差，螺栓紧力不均匀，造成"O"型密封圈破损处法兰开口增大，导致"O"型密封圈长期被 EH 油冲刷，"O"型密封圈出现损伤缺口，长期运行后被瞬间冲开。

分析故障四中机械遮断阀安全油进油管接头"O"型密封圈破损的原因，发现机械遮断阀安全油进油管接头破损的"O"型密封圈存在被剪切的痕迹，进一步检查发现接头在安装时未完全紧固到位。因此，机械遮断阀安全油进油管接头"O"型密封圈破损有两种可能的原因：一种是若"O"型密封圈在安装槽内的位置未被完全固定，经过长时间运行后，"O"型密封圈在压力作用下会被挤出槽外、挤破；另一种是若安装"O"型密封圈时不够仔细，T 型接头对口时碰到了"O"型密封圈，则会导致"O"型密封圈移位，致使其有部分被压在槽外，经过一段时间后，"O"型密封圈在压力的作用下被挤破、剪切。

分析故障五中造成主汽门油动机与 AST 油管接头处"O"型密封圈破损漏油的原因包括：检修施工工艺不到位，连接管道时未消除管道不对中的情况，使得该处的"O"型密封圈未被均匀压缩，在运行过程中由于油管振动、油压和油温的波动等原因，造成部分

"O"型密封圈从两密封面之间的开口处挤出破裂，最终导致油管接头漏油。

图 2-1~图 2-3 所示为 EH 油箱分油器与主汽门油动机供油支管接头、机械遮断阀与安全油管接头、主汽门油动机与 AST 油管接头处"O"型密封圈的现场损坏详图。

图 2-1 油箱分油器接头破损"O"型圈

图 2-2 机械遮断阀接头破损"O"型圈

总之，造成"O"型密封圈破损的原因主要有以下几种：①"O"型密封圈质量差，容易老化破损。②因安装工艺不规范，导致"O"型密封圈在安装时受损伤，或因密封槽存在锐角利口、毛刺或密封面不平整、不光洁等情况，"O"型密封圈安装后受到损伤，长期运行后被瞬间冲开。③安装工艺差，油管法兰螺栓紧力不均匀，造成"O"型密封圈在安装槽内的位置未被完全固定，"O"型密封圈发生了移位，"O"型密封圈受外力挤压或剪切而发生破损。④安装连接管道时对中性

图 2-3 主汽门接头破损
"O"型圈

差，"O"型密封圈未被均匀压缩，受油管振动、油压和油温波动等影响，造成"O"型密封面开口处挤出破裂。

四、防范措施

针对 EH 油管容易断裂和产生裂缝的问题，防范措施为：优化 EH 油管路设计；对不能够满足运行要求的 EH 油管支架进行改造，增大支撑强度；规范 EH 油管道焊接和安装工艺，EH 油管道变径处大小头应保持圆滑过渡，消除焊接热影区应力和接口拉切应力；分析、查找液压执行机构及 EH 油管振源，制订消除振源的对应措施。

针对"O"型密封圈易破裂问题，防范措施如下：采购质量可靠的"O"型密封圈，结合机组检修定期更换老化"O"型密封圈，做好使用、更换记录；规范 EH 油管连接及"O"型密封圈的安装工艺，连接 EH 油管道时保持良好对中性，对 EH 油管法兰施加螺栓紧力应均匀；"O"型密封圈安装前应消除密封槽内锐角利口、毛刺或密封面不平整、不光洁等问题，防止"O"型密封圈安装紧固不到位，或受压缩不均匀、密封面挤压或剪切等影响，造成"O"型密封圈破裂。

五、结论与建议

EH 油系统对 EH 油管焊接和接头对接、法兰紧固、"O"型密封圈装配等安装工艺及质量要求较高。管道焊接热影响区应力未消除等原因容易造成管道断裂或产生裂缝；管道接头对中性不好会形成拉伸、剪切力，容易对"O"型密封圈形成挤压和剪切，造成"O"型密封圈破裂；接头法兰螺栓紧力不均匀，容易造成"O"型密封圈不均匀压缩，损伤"O"型密封圈；密封槽不平整、不光洁，存在锐角、毛刺等情况容易造成"O"型密封圈破损。

EH 油系统运行中，EH 油管振动较大会影响 EH 油管和"O"型密封圈使用寿命，EH 油管支架支撑力度不够或 EH 油管长期处于振动状态，容易造成 EH 油管产生裂纹甚至断裂，还易造成"O"型密封圈与密封槽碰磨、挤压而发生破损。

建议在机组检修中规范 EH 油管焊接、接头对接、法兰紧固和"O"型密封圈装配等安装工艺；对 EH 油系统运行中出现的 EH 油管振动问题及时开展原因分析，积极采取措施消除振源，注意日常维护；加强对 EH 油箱油位的监视和对现场的巡查力度，提早发现 EH 油系统渗油、漏油等情况，及时采取措施，防止渗油、漏油缺陷处理不及时导致机组被迫停运的事故发生。

一、设备简介

某 600MW 汽轮机是由哈尔滨汽轮机厂生产的 N600-24.2/566/566 型超临界机组,其 EH 油系统由哈尔滨汽轮机厂配套提供,高压调节阀采用伺服型执行机构。高压油源从油站分三路油源分别供主机左、右侧汽门和两台给水泵汽轮机,三路供油各有一路油管回油至油箱。

该机组 EH 油系统共设置 5 组高压蓄能器,分别在 6.9mEH 油箱油站出口、主机左侧 13.7m 供油母管、主机右侧 13.7m 供油母管,以及 A、B 两台给水泵汽轮机供油管路上。蓄能器充有高纯氮气,其作用是在适当的时机将系统中的能量转变为压缩能储存起来,当系统需要时,又将压缩能转变为液压能释放出来,重新补供给系统。当系统瞬间压力增大时,它可以吸收这部分能量,保证整个系统压力正常。

二、故障过程

机组负荷 600MW、顺序阀方式运行,1、2 号高压调节阀(GV1、GV2)全开,3 号高压调节阀(GV3)全关,4 号高压调节阀(GV4)参与调节。13:37EH 油泵 A 运行,电流由 33.9A 上升到 42A,EH 油油压由 14.14MPa 下降至 13.93MPa。14:31 运行检查发现 GV4 调节阀门就地摆动大,EH 油泵电流偏大为 44A,EH 油回油滤网差压高报警灯闪烁;14:50 将机组进汽方式切成单阀方式运行;15:04 系统 EH 油油压低保护动作,联启 B EH 油泵。两泵最大电流分别达 55.5、57.86A,EH 油回油温度大幅度上升,最高温度为 64℃。15:10 关闭 GV4 后,就地 GV1 摆动大。15:14 机组协调方式切至基础方式,解除 GV1、GV2、GV3 自动,开启 EH 油回油滤网旁路手动门。

就地观察发现,3 个高压调节阀及油管路振动较大,伴随着高压导汽管振动。其中 GV3 于 15:07~15:25 在 45% 阀位振荡后 GV3 全开;GV1 在摆动过程中于 16:09 突然关回,无法打开;GV2 保持全开。

三、故障分析

一般情况下,引起高压调节阀晃动的原因主要有以下几种,逐一分析如下:

(1) LVDT 组件连接件受损,连接件之间间隙过大,引起调节阀摆动。由于该机组检修投运至今调节阀运行较为平稳，所以突然引起多个调节阀剧烈摆动的可能性不大。

（2）高压调节阀安装时连接螺母安装不到位，存在阀门调节空行程，引起调节阀摆动。机组检修后运行的一年时间里，并未发生该类情况，且该机组针对连接螺母安装问题已增加了重点检修，该问题突然引起调节阀剧烈摆动的可能性不大。

（3）热工控制信号故障，伺服阀信号指令线松脱、接触不良、控制回路指令线松动；连接的信号插头松动、脱落，LVDT 线圈开路或短路引起伺服阀频繁动作，均会造成调节阀及油动机管路振动。对上述回路和信号进行检查后，未发现明显异常。

（4）一次调频及功率回路投入引起高压调节阀晃动。一次调频回路设置不合理或出现故障，有可能引起参与调节的高压调节阀晃动，类似的现象也曾多次发生。将机组功率回路和一次调频回路退出运行，发现高压调节阀开启过程中仍存在晃动及油动机管路振动情况，该原因可以排除。

（5）伺服阀故障。伺服阀卡涩与腐蚀会显著降低其调节精度，严重时会导致调节阀大幅晃动。关闭 GV4 油动机进油门，在线更换伺服阀后，重新投入运行，并进行全行程开关活动，油系统稳定，调节阀不再晃动，由此判定引起 GV4 摆动的原因是油动机伺服阀故障。

造成伺服阀卡涩与腐蚀的常见原因是 EH 油油质不合格。其中颗粒度超标可能会直接导致伺服阀卡涩；油中酸值、CL 离子等化学成分超标，会使伺服阀芯的突肩腐蚀，导致伺服阀内泄量增大，造成调节阀供油及回油的不稳定，阀门及油管路剧烈抖动。对该机组 EH 油质进行化验，结果表明 EH 油质的水分、酸值、CL 离子等指标均正常。

对 EH 油系统有压回油滤网进行检查，放大镜检查滤网网壁上有黑色的胶状物质。由于系统油泵出口设置有 3μm 的过滤器、每台油动机入口设置有 10μm 的过滤器、系统有压回油设置有 3μm 的过滤器，而伺服阀滑阀的间隙值为 10μm 左右，所以油动机进油管路上的杂质有可能通过其进口滤网进入伺服阀，并使其卡涩。这些杂质的来源很可能是 EH 油系统中的蓄能器，因为一旦蓄能器破损，淤积在蓄能器腔室内的杂质会随气体大量涌入 EH 油管路，造成系统伺服阀卡涩。对蓄能器进行检查，结果见表 2-1。

表 2-1 　　　　　　　　　　　　　　蓄能器检查结果

名称	氮气压力（MPa）	标准（MPa）
左侧油源 1 号高压蓄能器（40L）	7.0	8.5～9.5
左侧油源 2 号高压蓄能器（40L）	8.0	8.5～9.5
右侧油源 1 号高压蓄能器（40L）	0	8.5～9.5
右侧油源 2 号高压蓄能器（40L）	9.3	8.5～9.5
EH 油油站 1 号高压蓄能器（10L）	0	8.5～9.5
EH 油油站 2 号高压蓄能器（10L）	9.0	8.5～9.5

很明显，右侧油源 1 号高压蓄能器、EH 油站 1 号高压蓄能器氮气压力为 0，说明这两只蓄能器皮囊已破损，将其解体，检查情况如图 2-4 和图 2-5 所示。

图 2-4　蓄能器底座橡胶托环腐蚀情况

图 2-5　蓄能器皮囊表面积存的铁屑、杂物

综合上述分析，可以推断故障过程如下：13:37 分，EH 油站 1 号蓄能器内胆皮囊破裂，导致蓄能器内部的气体夹杂着污染物进入油系统，造成 EH 油压力突降及 EH 油泵电流突升。由于此时汽轮机在顺序阀方式下运行，仅 GV4 参与调节，所以气体油液进入 GV4 伺服阀，导致伺服阀卡涩，GV4 出现大幅度晃动，瞬时回油量大，产生 EH 油油压回油滤网报警。在进行阀切换的过程中，系统另外 3 个高压调节阀均参与调节，由于 GV1 与 GV4 的油动机高压进油在同一侧，所以 GV1 接着出现了振动情况。随着管路振动及系统扰动，位于 13.7m 层右侧的高压蓄能器皮囊破裂，使得右侧 GV2 和 GV3 伺服阀卡涩，继而引发右侧高压调节阀及油管路振动。

四、处理措施

（1）更换右侧油源 1 号高压蓄能器、EH 油站 1 号高压蓄能器，并对 EH 油系统中皮囊压力低的蓄能器进行充氮。

（2）更换其他 3 只高压调节阀上的伺服阀。经现场确认 GV1 全关，关闭油动机进油截止阀，断开伺服阀信号线，缓慢松开油动机伺服阀固定螺栓，对角 2 根固定螺栓松开，另外 2 根对角螺栓缓慢松开，发现有大量油流出；回装伺服阀紧固螺栓，发现无法紧固，间歇性油流大量涌出，判断为有压回油管路回油量大，将备用伺服阀"O"型密封圈用胶水粘牢固后，快速回装伺服阀，调试 GV1 全行程，GV1 恢复正常。

GV3 在整个过程中晃动较大，并伴随较为严重的 EH 油管路振动现象，怀疑其伺服阀卡涩的同时，油动机下腔室缓冲区存有空气。为确保安全更换伺服阀，在 GV3 全关后，松开油动机有压回油测量堵头，用低量程压力表测量油动机上腔室有压回油压力，测得的有压回油压力为 0，测压管无油流出，说明油动机有压回油止回阀严密；用高量程压力表测量油动机油缸底部腔室油压力，发现在装好测量管后，有少量气体伴随 EH 油间歇性溢出，测得油动机下腔室压力在 0.3～0.8MPa 波动。在确认油动机进油截止阀隔离严密后，分析认为 GV3 油动机下腔室存在有压 EH 油的原因是 OPC 油止回门不严，油流经 0.8mm 的节流孔后通过伺服阀进入油缸下腔室。打开油缸下腔室压力表放油，10min 后，

GV3 阀位由原来的 0.8%~1.3%摆动，逐渐加大至 4.5%后突然下降到 0%。同时测量油动机下腔室压力为 0MPa，确认下腔室无油后，完成伺服阀更换。

在准备更换 GV2 伺服阀时，发现在关闭进油截止阀后，GV2 无法关闭，其油动机下腔室压力高达 14MPa，按处理 GV3 的办法进行放油，30min 放油约 20L，压力与阀门开度无明显变化。根据设计，油动机全开位时的装油量为 4L，顶开 GV2 的油缸压力最低为 8.5MPa，据此判定 OPC 油止回门严重内漏。由于机组仍在运行，GV2 伺服阀无法处理，但为安全起见，将 GV2 油动机连杆与阀门操纵座脱离，强制关闭 GV2 阀门。机组负荷通过其他 3 个高压调节阀调节。

在机组停运后，检查发现 GV2 油动机保安油 OPC 止回门底座"O"型圈脱落，对伺服阀检测发现喷嘴关方向堵塞。

五、结论和建议

造成该机组运行中高压调节阀晃动的主要原因是在 EH 油站蓄能器破裂后，随油流带入系统，引发伺服阀卡涩，致使调节失灵。该机组在基建期间及投产后长达 8 年的运行过程中，蓄能器没有进行解体检查，蓄能器橡胶托环腐蚀、皮囊老化腐蚀、壳体内部积存的金属铁屑等杂物没能及时发现。目前，汽轮机液压油系统大多数采用皮囊式蓄能器，它在补偿压力、缓和冲击与消除脉动方面起到重要作用；然而其皮囊作为易损件，使用寿命与油系统参数、油质、充放油次数等因素密切相关，易发生皮囊硬化、鼓包、破损等故障，由此而引发的调节阀卡涩、油压低等异常极可能会导致机组失控或非故障停机。

多数发电企业对汽轮机液压油系统蓄能器未设置规范的检修与维护规程，对皮囊的使用寿命也未予以足够重视，安全风险较大。建议规范蓄能器检修与维护规程，定期开展蓄能器耐压、气密性及功能检测；蓄能器初充氮时应先以较低压力充入，充氮过程应保持皮囊内压力均衡上升，防止皮囊突然剧烈伸展时造成损伤，皮囊应充压至规定值；充氮装置与蓄能器皮囊充氮口应采取正确的水平接入方式，防止损伤蓄能器皮囊充氮口，造成漏气；蓄能器皮囊应定期更新，更换周期以 4~5 年或一个 A 修周期为宜。

一、设备简介

某电厂 1、2 号机组为东方汽轮机厂生产的 1030MW、超超临界、一次中间再热、四缸四排汽、单轴、凝汽式汽轮机，汽轮机组型号为 N1030-25.0/600/600，其配汽系统由 2 个高压主汽门（MSV）、2 个高压调节汽阀（CV）、2 个中压主汽门（RSV）和 2 个中压调节汽门（ICV）组成。汽轮机 2 只 CV 安装于同一阀室，蒸汽从 MSV 流向 CV，MSV 与 CV 阀壳焊接为一整体，布置在机头侧运行平台下，每个 CV 通过一根高压导汽管与高压缸进口相连。RSV 和 ICV 共用一个阀体，组成中压联合汽门，分别布置于中压缸两侧，再热蒸汽先后进入 ICV 与 RSV。高压主汽门与调节汽门的结构原理如图 2-6 所示。

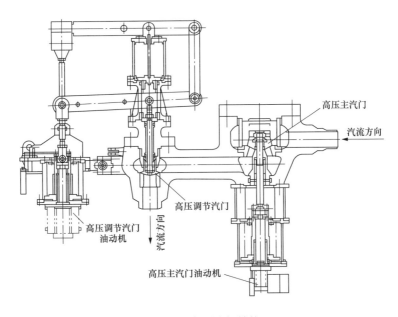

图 2-6　高压汽门结构

汽轮机控制系统采用 HIACS-5000M 高压纯电调控制系统，汽轮机设计为中压缸启动，正常运行时采用节流配汽，高负荷时 CV 全开，滑压运行。为了满足控制品质的要求，东方汽轮机厂对其 1030MW 机型的控制系统进行了大量改进，比如射流管式伺服阀取代喷嘴挡板式伺服阀、取消两位式汽门中的关断阀等。

二、故障情况

1. EH 油泵启动后电流偏高

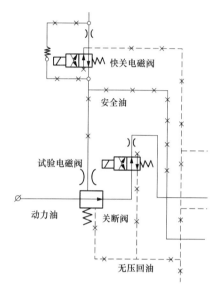

图 2-7　开关型汽门的 EH 油路

在机组未挂闸的情况下，启动 EH 油泵，其电动机电流达到 80A（额定电流为 85A），远高于常规运行值 40A，EH 油温升过快，EH 油泵出口压力仅能维持在 12MPa（设定为 14MPa）。关闭 8 只汽门的进油截止阀后，EH 油泵电流迅速回落到 45A，出口压力也恢复正常值。

就地检查发现，两只 RSV 和左侧 MSV 就地 EH 油有明显的节流声，安全油回油管明显较热，尝试使这 3 只汽门的试验电磁阀带电后，EH 油泵电流恢复正常，这 3 只汽门的 EH 油路如图 2-7 所示。基于这些现象，初步判断 RSV 和左侧 MSV 关断阀泄漏。

现场检查发现，RSV 与左侧 MSV 中均无关断阀。与设备厂家沟通后确认，该机组对这 3 只汽门的 EH 油路进行了改进，取消了关断阀，并将试验电磁阀由原来的常失电变为常带电，据此切断动力油与无压回油之间的通道。但在 DEH 控制逻辑中没有进行相应更改，提供的油路图也没有及时更新。控制逻辑修改后，EH 油泵电动机电流恢复到 45A 左右，挂闸状态下为 35A 左右，运行正常。

2. 汽门无法正常开启

在调试的过程中，两只 RSV、一只 ICV 和左侧 MSV 均出现过无法开启的现象，根据现场明显的节流声，判断 RSV 快关电磁阀卡涩，ICV 伺服阀卡涩。更换上述设备后，汽门开关正常。

造成电磁阀、伺服阀卡涩最常见的原因是 EH 油质不合格，对新机组来说，颗粒度超标是最直接的原因。根据油质报告，EH 油质为 SAE 749D 3 级，满足启动要求。事后查明，在油动机首次进油后，发现各汽门进油滤网漏装，这极有可能造成部分 EH 油管路中的微小颗粒被带入油动机，卡涩电磁阀与伺服阀。东方汽轮机厂新研制的 DJSV—005A 型大流量射流式伺服阀（400L/min）在该机组上首次使用，最低过滤精度为 20μm，相对喷嘴挡板式伺服阀，射流式伺服阀抗腐蚀性相对较强，在一定程度上减少了调试期间伺服阀卡涩的现象。形成鲜明对比的是，该机组给水泵汽轮机与主汽轮机共用 EH 油系统，给水泵汽轮机调节阀仍使用喷嘴挡板式伺服阀，在调试期间卡涩十多次，被迫反复更换。

3. PLU 功能测试时机组出现跳闸现象

在对机组 PLU 功能（功率-负荷不平衡）进行测试时，机组出现跳闸，测试结果曲线如图 2-8 所示。PLU 功能原设计仅为通过快关电磁阀动作，快速关闭 CV 与 ICV，机组并不跳闸。

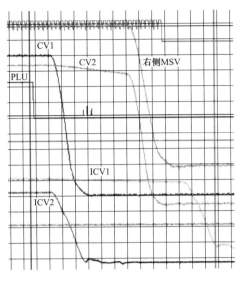

图 2-8 PLU 功能测试录波曲线

从图 2-8 可以看出以下现象：①PLU 功能动作后，CV2 与 ICV1 没有按设计快速关闭。②MSV 快速关闭，与设计不符。③MSV、CV2 与 ICV1 几乎同时关闭，可推断是汽轮机跳闸造成的。检查确认，CV2 与 ICV1 没有快速关闭的原因为其快关电磁阀卡涩，更换后正常；PLU 功能动作后，汽轮机跳闸的原因为安全油压力低。为此对每只汽门的快关电磁阀进行了动作测试，测试方法为：在机组挂闸的状态下，使快关电磁阀得电动作，观察汽轮机是否出现跳闸现象。结果表明，两只 MSV、两只 CV 快关电磁阀动作后，汽轮机出现安全油压力低而导致的跳闸现象，两只 RSV 与两只 ICV 快关电磁阀动作后，汽轮机没有跳闸。参考图 2-7 初步判断，MSV 与 CV 的快关电磁阀节流孔漏（错）装或旁路单向阀漏装。现场检查确认，两只 MSV 与两只 CV 的快关电磁阀的旁路单向阀漏装，安装后再次进行 PLU 功能测试，各汽门动作正常。

4. ICV 阀杆连杆销子被切断

机组启动前，现场检查发现 ICV2 的阀杆连杆销断裂，断裂位置如图 2-9 所示；销子断裂成 3 段，断口呈整齐切断状态，断裂后的销子如图 2-10 所示。根据现场情况分析，造成销子断裂的原因可能为 ICV 阀门行程调整有误，图 2-8 中 ICV2 的快速关闭过程曲线也说明，ICV 快速关闭时，油动机缓冲作用不明显。

ICV 原设计安装数据应为：油动机总预装顶起量为 12.7mm，操纵座总预装顶起量为 25.4mm。解开油动机与阀门连杆复测，发现油动机总预装顶起量为 25.4mm，操纵座总预装顶起量为 50.8mm，明显偏离设计安装数据。在阀门总行程不变的情况下，油动机如此大的安装偏差，势必在阀杆连杆销处产生巨大的冲击力，导致销子切断，这种情况在其

图 2-9　ICV2 的阀杆连杆销断裂位置

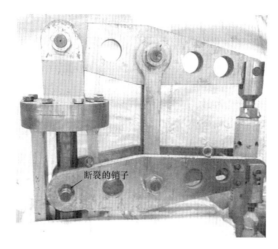

断裂的销子

图 2-10　连杆销断裂情况

他电厂也曾发生。

　　重新按设计安装数据调整油动机行程，并进行了快速关闭试验，检查油动机缓冲区的情况，测试曲线如图 2-11 所示，缓冲作用明显。

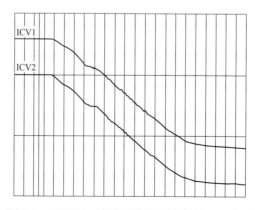

ICV1

ICV2

图 2-11　ICV 油动机行程调整后的快关测试曲线

三、结论与建议

上述问题逐一处理后，在集控室打闸，进行了汽门快关时间测试，所有汽门快速关闭时间均小于 300ms，满足相关规定要求。事后分析与处理结果表明，造成上述异常的原因是多方面的，通过调试，设计、安装与现场油质控制等方面的问题充分暴露并及时得到解决，确保了机组的顺利投运。

基建调试期间，对现场 EH 油系统冲洗工作应高度重视，应按部就班、不留死角地做好 EH 油系统冲洗工作，坚决杜绝因抢工程进度而主观上放松油质控制的行为；同时准备充足的伺服阀、电磁阀等易堵部件的备品，以防急需。设备安装应严格按照设计图纸进行，因为汽门相关系统动作速度快、力度大，任何细微的安装偏差都可能造成严重的不良后果。汽轮机汽门相关设备出厂时各方应严格按照设计图纸进行设备与逻辑检查，防止漏装、错装的情况发生；设备供应商应及时提供与现场设备一致的图纸、说明书等资料，对原设计有改进时应及时告知。汽轮机汽门的调试过程不仅能检查安装质量，其结果也影响到机组能否顺利启动，以及后续试验与运行过程的安全。调试过程中，不放过任何一个细节，测试数据一旦有异常，应分析其中原因，并及时处理。

[案例 12] **跳闸电磁阀缺陷导致汽轮机无法打闸**

一、设备简介

某电厂 600MW 汽轮机是由日本东芝公司生产制造、亚临界冲动式、单轴、双背压、一次中间再热凝汽式汽轮机，型号为 TC4F-42。机组于 2000 年 7 月完成 168h 满负荷连续运行后，投入商业运行。

图 2-12 所示为该汽轮机保安系统图（部分）。在该系统中，复位电磁阀得电动作后，汽轮机复位，随后复位电磁阀失电。汽轮机在复位状态时，机械跳闸阀失电，主跳闸电磁阀 A 和 B 均得电。如果机械跳闸阀得电，汽轮机会跳闸，就地手动拉停机手柄也有同样的作用；对于主跳闸电磁阀 A 和 B 来说，只有两阀同时失电，汽轮机才会跳闸。在集控室按紧急汽轮机打闸按钮，会使就地机械跳闸阀得电，同时也会使主跳闸电磁阀 A 和 B 失电，汽轮机跳闸。正常情况下，汽轮机跳闸后，各汽门不会开启。

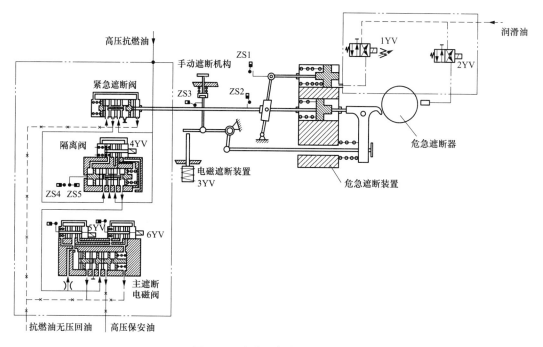

图 2-12　汽轮机保安系统示意

二、故障描述

2007 年 2 月，该机组因电气原因导致汽轮机跳闸。此后冲转前进行打闸试验时发现，汽轮机复归、集控室按汽轮机紧急跳闸按钮，高、中压主汽门和调节汽门迅速关闭，3s后B侧高压主汽门立即开启至7.3%开度，左、右侧中压主汽门全开。就地检查确认上述各汽门实际开度与控制系统画面上显示一致。约3min后B侧高压主汽门和左、右侧中压主汽门又迅速关闭，此前30s内左侧中压主汽门缓慢关至93%开度，右侧中压主汽门缓慢关至91%开度。上述各汽门的动作是不正常的，这种现象此前从未发生过。

对上述问题进行检查，并反复进行复归后的汽轮机打闸试验，确认就地机械跳闸装置动作后，高、中压主汽门和调节汽门迅速关闭，未重新开启；而集控室按汽轮机紧急跳闸按钮后，以上异常现象再次发生。随后将两个主跳闸电磁阀中的一个更换后，进行两次汽轮机复归、跳闸试验，各汽门动作正常，机组随后进行了正常启动。

三、故障分析

该汽轮机各汽门的异常动作发生在集控室手动打闸之后，汽门异动均是在快速关闭后出现的，这说明由集控室按汽轮机紧急跳闸按钮触发的两路跳闸动作（机械跳闸回路与主跳闸回路）中至少有一路正确动作。按各汽门的设计，在安全油压力未建立的情况下，汽门仅靠蒸汽力的作用是无法开启的，这说明在汽轮机跳闸以后，安全油压力又重新建立了。仔细观察发现，出现异动现象的汽门均是汽轮机复位后按程序应该动作的汽门，汽门的打开情况也与复位后应该出现的情况一致。这些汽门在打开后又重新关闭，说明汽轮机跳闸后建立起的安全油压力并不稳定，左、右侧中压主汽门在迅速关闭前出现的缓慢关闭现象说明安全油不是瞬间消失的。

考虑到其他机组类似保安系统中，曾出现过机械跳闸阀拒动的现象，结合该汽轮机的异动现象，提出一种可能造成上述异动的设备故障为：机械跳闸阀故障拒动，同时主跳闸电磁阀A和B均动作失灵。为了验证该设想，特设计了相关试验，在同类型汽轮机上进行测试，以下为试验过程与试验结果。

1. 模拟机械跳闸阀（见图2-13）故障拒动

确认汽轮机跳闸，主蒸汽压力泄放至零，主机润滑油、液压油系统投运，测量并记录主机跳闸回路所有电磁阀、位置开关状态；模拟高、低压凝汽器真空信号正常、MFT信号解除；解除机械跳闸信号。

集控室按汽轮机复位按钮；确认汽轮机复归，安全油压建立，中压主汽门全开，测量并记录主机跳闸回路所有电磁阀、位置开关状态；集控室按汽轮机跳闸按钮，确认安全油压低信号触发，中压主汽门关闭，记录主机跳闸回路所有电磁阀、位置开关状态。试验完成后，恢复机械跳闸信号。

试验结果为：集控室按汽轮机跳闸按钮，安全油压低信号触发，中压主汽门快速关闭，汽轮机正常跳闸。这说明，在机械跳闸阀故障拒动的情况下，如果主跳闸电磁阀动作正常，则集控室按汽轮机跳闸按钮时汽轮机跳闸动作正常。

图 2-13　机械跳闸阀

2. 模拟油跳闸复位电磁阀内漏

集控室按汽轮机复归按钮，测量并记录主机跳闸回路所有电磁阀、位置开关状态；强制油跳闸复归电磁阀得电。就地拉机械跳闸手柄，确认汽轮机是否跳机，测量并记录主机跳闸回路所有电磁阀、位置开关状态。

试验结果为：就地无法拉动机械跳闸手柄。这说明复位电磁阀内漏的情况下，就地无法拉动机械跳闸手柄；而设备异动当时曾拉动过该手柄，排除复位电磁阀内漏故障。

3. 模拟主跳闸电磁阀故障

（1）集控室按汽轮机复归按钮，记录主机跳闸回路所有电磁阀、位置开关状态。

图 2-14　模拟主跳闸电磁阀故障试验

（2）就地将一只主跳闸电磁阀阀芯顶住，强制阀芯处于得电位置，如图 2-14 所示。

（3）集控室按汽轮机跳闸按钮，确认安全油压低信号触发，中压主汽门关闭，测量并记录主机跳闸回路所有电磁阀、位置开关状态。

试验结果为：集控室按汽轮机跳闸按钮，安全油压低信号触发，中压主汽门快速关闭，汽轮机正常跳闸。这说明，在机械跳闸阀正常的情况下，即使主跳闸电磁阀拒动，集控室按汽轮机跳闸按钮时汽轮机跳闸动作也正常。

4. 设想的故障原因再现试验

设想故障原因为机械跳闸阀故障拒动，同时主跳闸电磁阀 A 和 B 均动作失灵。在试验之前将安全油压力开关之一临时更换为合适的就地压力表，试验时记录各电磁阀与相关开关的动作状况。试验方法如下：

（1）汽轮机复归，确认中压主汽门正常开启。

（2）等机械跳闸信号回复后，解除机械跳闸信号接线，使其无法再次带电动作；做好机械装置强顶一只电跳闸电磁阀阀芯的准备。

（3）集控室手动打闸，就地确认中压主汽门是否快速关闭。试验结果为：中压主汽门快速关闭。

（4）确认中压主汽门关闭后，就地用机械装置强顶该电跳闸电磁阀阀芯，观察中压主汽门是否开启。试验结果为：中压主汽门开启。

（5）缓慢撤去电跳闸电磁阀阀芯上的机械强顶装置，观察安全油就地临时压力表指示压力是否缓慢下降，中压主汽门是否缓慢关一段后快速关闭。该试验应缓慢、多次细致进行。试验结果为：就地临时压力表指示压力缓慢下降，中压主汽门快速关闭。

（6）恢复机械跳闸信号接线，汽轮机再次复归，并在集控室手动打闸，就地确认机械跳闸阀动作正常；再次重复该项试验中第（4）、（5）步中的过程。试验结果为：集控室手动打闸，中压主汽门快速关闭；重复第（4）步时，中压主汽门未开启。

（7）试验完毕后做好各项恢复工作。为检查试验过程是否对汽轮机造成损伤，再次复归汽轮机，并在就地与集控室分别进行打闸，确认各项动作正常。试验结论为：机械跳闸阀与主跳闸电磁阀只要有一路工作正常，就不会出现汽门异动现象。

基于以上试验结论，利用临时停机对事故汽轮机机械跳闸阀进行检查，发现其电磁阀的熔丝已断裂失效，这说明在该机组保安系统异动事件中，机械跳闸阀未正确动作。将其熔丝更换后，再次进行集控室复位与打闸试验，汽轮机各汽门动作完全正常。

分析认为，即使机械跳闸阀拒动，该次异动也不会发生。原因是在集控室进行手动打闸时，在机械跳闸阀电磁阀动作的同时主跳闸电磁阀 A 和 B 也会同时动作，而只要主跳闸回路动作正常，汽轮机也会正常跳闸，为此需要进一步检查分析。

利用检修机会对该机组主跳闸回路进行彻底检查。首先对主跳闸电磁阀 A 和 B 进行检查，没有发现异常；随后对由主跳闸电磁阀控制的主跳闸阀进行解体检查，发现其滑阀端部弹簧缺失，如图 2-15 所示。

滑阀端部弹簧缺失后，它在主跳闸阀内呈自由状态，可能不受主跳闸电磁阀 A 或 B 的控制，造成电磁阀动作失灵。滑阀在主跳闸阀内的位置决定了保安系统的安全油是否能建立，从而也就决定了汽轮机是否在复位状态，以及各汽门的开关状态。而

图 2-15　主跳闸阀中的滑阀

一旦滑阀呈自由状态、失去控制，保安系统的安全油也就处于一种不稳定状态，失去相应控制，这与该汽轮机发生的异动现象是完全吻合的。

四、处理结果

至此，该汽轮机保安系统异动原因彻底查明：在因设备制造原因造成的主跳闸阀端部弹簧缺失而致使其功能失效的情况下，同时发生了机械跳闸阀电磁阀熔丝断裂导致其拒动的缺陷，两个异常一起发生导致了该次异动。更换该汽轮机主跳闸阀，进行各项试验，各汽门均动作正常，事故隐患消除。

五、结论与建议

该类型汽轮机主跳闸阀端部弹簧缺失造成了主跳闸回路的拒动，如果机械跳闸回路再因故拒动，则该汽轮机将彻底失去保护，可能造成转子飞车等一系列恶性事故的发生。该设备自出厂时就已经存在该严重缺陷，只是由于此前机械跳闸回路均处于正常工作状态，该缺陷并未明显暴露，但重大隐患一直存在。对该厂其他几台同类型汽轮机进行检查，均未发现该问题，这说明主跳闸阀端部弹簧缺失是偶然现象。但在如此重要的设备上出现这样的缺陷，仍给我们敲响了警钟，即使是进口关键设备，也有存在重大缺陷的可能，每个环节均不能掉以轻心。

[案例 13] 600MW 汽轮机组基建调试期间润滑油系统典型故障

一、设备简介

某电厂有四台 600MW 机组，其中 3、4 号机组汽轮机为东方汽轮机厂按日本日立公司提供的技术制造的冲动式、亚临界、中间再热式、高中压合缸、三缸四排汽、单轴、凝汽式汽轮机，机组型号为 N600-16.7/538/538-1；5、6 号机组为上海汽轮机有限公司与美国西屋公司合作并按照美国西屋公司的技术制造亚临界、中间再热式、四缸四排汽、单轴、凝汽式汽轮机，机组型号为 N600-16.7/537/537。两种型式汽轮机润滑油系统主要设备基本上是相同的，包括：润滑油箱及其回油滤网、排油烟风机、主油泵、交流油泵、直流油泵、油蜗轮泵或射油器、冷却器、进回油管路、相关阀门，以及一系列测量元件等。上述四台机组在基建调试期间，均因润滑系统故障耽误了一定工期。

二、故障情况

1. 油质不好导致轴瓦拉伤

2 月 19 日 2 时 10 分，3 号机组汽轮机 2 号轴承温度开始上升，最终稳定在约 70℃（其他轴承温度均小于 32℃）。停主机盘车后，该处温度缓慢下降，再次投用盘车，该处温度又重新回升。当时该机组正处于冲管阶段，汽轮机盘车投用，盘车启动前主机润滑油质化验结果为合格。检查各顶轴油压力（3～8 号轴承），与盘车前期比，均无明显异常；检查 2 号轴承润滑油供油及回油，未见异常。检查温度测点，未见异常。

该机组冲管结束后，对 2 号轴承进行翻瓦检查，发现该处支持轴承轴瓦有明显拉毛现象，疑是有异物进入轴瓦所致。联想到此前各润滑油进油滤网多次被脏物堵塞，基本认为 2 号轴承在盘车期间温度缓慢上升是因为有脏物进行轴瓦，导致轴瓦与转子摩擦增大、发热所致。对该轴瓦进行刮磨、复装后，工作正常。

由于该次轴承温度异常上升发生在机组冲管期间，冲管后有足够的时间进行翻瓦检查，所以没有对工期造成影响。

2. 油质变差导致无法启动

4 月 18 日，5 号机组 168h 试运前夕，主机润滑油油质化验结果表明该油质明显恶化，大于 NAS12 级，超出汽轮机允许启动的要求。由于油质恶化超标严重，决定全部更换新油，新油经过充分滤油后，油质于 4 月 25 日达到汽轮机启动要求，机组顺利启动。

分析油质恶化原因，大致认为：机组 168h 试运前消缺时，高压缸进行了开缸处理，大量保温层被拆除后又重新复装，在此过程中不可避免地会出现大量保温层微小飞扬物弥漫于汽轮机运行平台。而另一方面，由于主机缸温还比较高，其润滑油系统仍在运行中，主油箱排油烟风机没有停运，整个主机润滑油系统处于微负压状态。在这种状态下，弥漫于汽轮机运行平台的大量保温层微小飞扬物被吸入主机润滑油系统中，从而造成该系统油质恶化。

因该问题的出现，耽误工期约 7 天。

3. 热工信号消失

4 月 13 日 6 时 58 分，3 号机组在做机组首次启动并网前的系列试验时，发现汽轮机推力瓦工作面的温度测点信号全部失去，为安全起见，随即打闸停机。

揭盖后检查发现该处信号线全部被磨断，磨断的部位在信号线引出处与瓦块的接触处，该处位于瓦块的棱角上。在汽轮机运行过程中，由于推力瓦的轻微晃动，其温度信号线与瓦块的棱角发生摩擦，以致磨断。在再次信号线修复前，对相关棱角进行打磨处理，以免再有类似情况发生。到目前为止，该处没有异常。4 月 20 日 14 时 07 分，机组再次定速在 3000r/min。

因该问题的出现，耽误工期为 7 天。

4. 顶轴油管路断裂导致停机

11 月 8 日 5 时 05 分，4 号机组负荷 400MW，主油箱油位为 1652mm，突然发现 7 号瓦轴振由 114μm 下降到 105μm，检查发现主油箱油位开始突降。就地检查发现在 7 号轴承处，有大量润滑油向外喷出，由于位置原因，无法具体确认喷油位置。5 时 09 分，负荷 350MW，手动停机；到 5 时 11 分，主油箱油位下降到 1554mm。汽轮机转速下降至 1700r/min 时，破坏机组真空，总惰走时间为 19min，在惰走过程中，7 号轴承温度最高升至 96℃（正常为 60℃），发生在转速为 81r/min 时。

就地检查，确认 7 号轴顶轴油管路与其套管接口处断裂，就地关闭 7 号瓦顶轴油压力调节阀，喷油现象消失，主油箱油位稳定。事后停主机润滑油系统，对 7 号轴进行翻瓦检查，发现该处下瓦有部分磨损。对断裂处的顶轴油管路重新焊接，对 7 号轴下瓦进行修刮，再次开机，工作正常。

11 月 16 日，该机组再次启动，因该问题的出现，耽误工期约 9 天。

5. 直流油泵倒转导致停机

11 月 18 日，发现 4 号机在交流润滑油泵停运后，润滑油压偏低；重新启动润滑油泵后，就地检查发现直流油泵严重倒转，为确保设备运行安全，随即进行停机处理。

主机润滑油系统停运后，进入主油箱进行检查，发现直流油泵出口止回阀卡涩，造成泄漏，并且原设计中该处的两个止回阀实际只安装了一个。更换卡涩的止回阀后，润滑油系统工作正常。

11 月 28 日，机组再次启动，因该问题的出现，耽误工期约 10 天。

6. 轴颈严重拉伤

6 月 24 日 16 时 50 分左右，6 号汽轮机准备第二次冲转到 603r/min 进行摩擦检查时发现 7 号瓦 2 号金属温度达到 105℃，此时主机转速为 402r/min，然后该点温度回落；17 时 21 分，主机转速为 38r/min 时，6 号瓦 2 号金属温度达到 113℃，随后主机转速很快降为 0，投主机盘车后两处金属温度慢慢回落，稳定后，6、7 号瓦的 2 号金属温度均比其他各瓦高 4℃左右，而该处 1 号金属温度正常。

事后，用第一次冲转后打闸停机的转速下降曲线与该次对比发现，转速从 200r/min 下降到 0 的时间，第二次比第一次缩短了近 60%，但第二次冲转的真空值为 −90kPa，第一次则为 −81kPa。第一次在 3000r/min 时打闸停机，惰走时间为 45min，当时主机真空为 90/91kPa。

随后停机、停润滑油系统，进行翻瓦检查，情况如下：①安放在主油箱中的润滑油回油滤网严重破碎（面积约为 1/5），破碎滤网形成的细钢丝进入润滑油系统，而润滑油系统中冷油器出口的滤网与其旁路在运行时均在投用状态。②6 号轴轴颈有严重刮痕，刮痕特征为由顶轴油孔向两端逐渐加重，最大刮痕约为 2mm 宽、0.7mm 深，共有 17 条；6 号轴上瓦有轻微局部磨伤，而 6 号轴下瓦拉伤情况严重，发电机端顶轴油囊基本被磨损或被磨损的乌金填平，发电机端瓦的表面乌金磨损严重，而汽轮机端乌金表面有严重拉毛现象，有拉毛处附着大量纤细钢丝。③7 号轴情况与 6 号轴相似，但不及 6 号轴严重；检查其他轴、瓦，均发现类似情况。④对主油箱进行清理，发现许多纤细钢丝、黑泥状脏物与颗粒状物质。

随后，对严重刮伤的轴颈进行电刷渡处理，对严重刮伤的轴瓦进行更换，其他轴瓦进行人工修复。对润滑油系统进行彻底清理和滤油，对破碎的滤网进行更换和加固。

因该问题的出现，耽误工期约 35 天。

三、故障分析

汽轮机润滑油系统是汽轮机设备的一个重要组成部分。由于不同制造厂生产的汽轮发电机组整体布置各不相同，所以相应的润滑油系统的具体设置也有所不同，但是对于目前国内单机容量为 600MW 的大型汽轮机来说，润滑油系统的主要任务几乎是完全一致的，即可靠地向汽轮发电机组的各轴承（包括支承轴承和推力轴承）、盘车装置、顶轴装置提供合格的润滑油、冷却油和顶轴油。润滑油油质是润滑油系最薄弱的环节，在润滑油系统投用后，尤其是在机组试运行期间，务必要加强对主机润滑油系统的管理和油质监控。

在润滑油系统设备安装与初次投用前，应对相关设备和管道进行彻底检查与清理，及时发现设备的缺限，做到防患于未然。在机组启动初期，应加强对润滑油系统相关参数的记录与分析，并及时与同机历史记录、同型式机组运行参数对比，不放过每一个疑点，以便尽可能早地发现和解决问题；在运行中，要加强对主机润滑油系统的巡检与监视，尽早发现问题，避免事故扩大。主机润滑油系统启停都比较方便，因而经常被忽视，但是几乎所有润滑油系统的缺陷如不及时发现和处理，都可能导致"二十五项反措"中的汽轮机烧瓦、大轴损坏等事故，因此应予以足够重视。

四、结论与建议

润滑油系统的异常将威胁汽轮机设备的安全运行，严重时会导致汽轮机烧瓦、大轴弯曲、转子动静摩擦甚至整机损坏等恶性事故的发生。实际运行中，因润滑油系统故障而被迫停机的事情时有发生。停运润滑油系统受到汽轮机缸温、盘车等诸多因素的制约，处理时间一般较长，这会给发电企业带来极大的损失。因此，应加强对以往类似事故的分析与总结，强化对汽轮机润滑油系统的管理与监视，做到防患于未然。

[案例 14]　　汽轮机注油器存在异物导致跳机

一、设备简介

某发电厂 135MW 汽轮机为上海汽轮机有限公司生产的 N135-13.14/535/535 型、超高压、中间再热、双缸、双排汽、单轴冷凝式汽轮机。机组 DEH 控制系统为上海新华电站控制工程公司生产的 DEH-IIIA 型数字式电液调节控制系统，配有一套独立的高压抗燃油供油装置，低压安全油与高压抗燃油用隔膜阀联系。每一调节阀操纵机构配备一只油动机与伺服阀，油动机均为单侧进油，以 14.5MPa 的高压抗燃油作为系统的工作介质。

该汽轮机的跳闸保护系统（ETS）主要由位于机头的隔膜阀、两个 AST 电磁阀和两个 OPC 电磁阀组成，与电子室的 ETS 控制柜共同完成对机组的超速保护控制及危急遮断。汽轮机的保安系统主要控制设备包括两只危急保安器及危急遮断油阀、手动脱扣器、磁力断路油阀等，其中任一设备动作都会泄去安全油，关闭高、中压主汽门，同时通过隔膜阀动作泄去 OPC 安全油，关闭高、中压调速汽门。系统中还装有 2 只危急遮断指示器、喷油装置、危急遮断试验装置及辅助油阀。

二、故障描述

某日，该机组 90MW 左右负荷稳定运行时，9 时 18 分，锅炉因汽包水位低而触发 MFT。由于该机组逻辑设计，因汽包水位低而触发的 MFT 并不联跳汽轮机，锅炉重新点火，汽轮机依然保持 3000r/min 运行。但在 10 时 18 分，汽轮机主汽门关闭后，汽轮机因发电机逆功率而跳闸。机组再次冲转，10 时 30 分重新并网，但在 10 时 42 分，汽轮机因同样的原因第二次跳闸。图 2-16 所示为上述第一次跳闸过程的主要参数曲线。

随后检查确认，汽轮机第一次跳闸的主要原因为：正常运行中的汽轮机主油泵出口压力异常变低导致安全油压力低，调速油泵联启后被运行人员误停，从而使安全油压力降至调节汽门油隔阀动作压力（0.57MPa 左右），各调节汽门关闭，汽包压力突增，导致其因水位突降而 MFT；安全油压力持续下降，导致汽轮机主汽门关闭，发电机出现逆功率现象，收到主汽门关闭信号后，触发汽轮机跳闸保护动作。汽轮机第二次跳闸的原因是机组重新并网后，运行人员通过历史曲线发现主油泵出口油压有异常，决定停调速油泵再试一次，结果主油泵出口压力最低降至 0.3MPa，汽轮机主汽门关闭后再次跳闸。

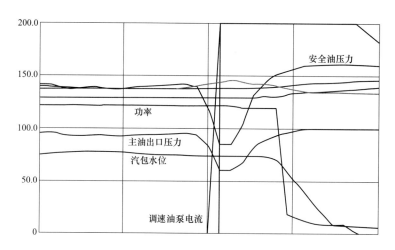

图 2-16　第一次跳闸过程的主要参数曲线

三、故障分析

　　上述事件发生后，第一时间对汽轮机润滑油箱油位进行了检查，没有发现异常。当时分析认为，造成主油泵出口油压下降的可能因素包括：①汽轮机转速下降。②油泵出口止回阀异常关闭。③油泵出口过压阀异常。④注油器异常。⑤因油质原因在管道内形成泡沫，导致主油泵吸不到油。⑥主机润滑油箱油位低，使注油器吸不到油。根据故障现象，初步怀疑汽轮机主油泵出现故障，但在随后的检修检查中，将主油泵解体并未发现明显异常，对主油泵油封环的间隙也进行了测量，均符合要求；另外对主油泵出口过压阀、主油泵出口止回阀进行了检查，均未发现异常。

　　检修时，对汽轮机主油箱进行了清理，在底部发现较多泡沫状的物质，润滑油有部分乳化现象，当时重点怀疑油质问题导致泡沫较多，致主油泵运行不稳定；将汽轮机润滑油全部更换为新油；在随后运行的近一年时间里，汽轮机运行时主油泵出口压力均维持在1.2MPa 左右正常运行，直到一天汽轮机调速油压力突降，汽轮机主汽门关闭，再次跳机。随后虽然将调速油泵启动后调速油压力恢复，维持机组正常运行，但是此时一旦停运调速油泵，调速油压力会下降或波动，并可能导致机组跳闸。

　　事后检查该次跳机前后润滑油系统参数，发现汽轮机主油泵出口压力（调速油压力）突降前，润滑油压力与主油泵出口压力发生过一段时间的波动，波动幅度加剧后，润滑油压力低至跳闸值。即使在调速油泵运行的情况下，主油泵出口压力仍有 0.1MPa 的波动，润滑油压力也有 0.02MPa 的波动。

四、处理方法

　　查阅设备说明书，该汽轮机注油器有一段描述为："喉部直径Ⅰ号为 $\phi18$，Ⅱ号为

φ19"，而在另一份资料中则描述为"喉部直径Ⅰ号为 5 孔 φ8，Ⅱ号为 5 孔 φ10"。两份说明差距很大，这说明该机组注油器可能改造过，如果现场注油器喉部直径为后者，因孔径较小，容易发生堵塞，会造成注油器出力不足。综合之前检查情况，建议停机对注油器进行检查，看是否有堵塞、气蚀的现象。

机组停运后，解体Ⅰ号注油器，确认为其喉部为 5 个 φ8 的孔，并在该注油器下部弯头处发现 1 块焊渣与 2 段铁丝，如图 2-17 所示。对比发现，该焊渣无法通过注油器喉部 φ8 的孔，在油流动的情况下，极有可能堵住其中一个 φ8 孔，使得注油器出力不足，造成主油泵进口油压力低，从而导致主油泵出口压力低、调速油压力低，严重时会造成主汽门关闭，机组停运。

图 2-17　注油器中发现的异物

五、结论和建议

将该焊渣清理后，该机组重新启动，调速油压力与润滑油压力正常、无波动，调速油泵停运后调速油压力无明显变化。这说明正是该焊渣导致Ⅰ号注油器喉部孔堵塞，造成其出力下降，从而导致该机组润滑油系统运行参数在一年多的运行时间内一直存在异常；该问题的解决消除了该机组安全运行的一大隐患。

汽轮机润滑油注油器中存在异物的现象在生产中较为常见，多数情况下是直接将注油器喉部孔一部分堵住，造成润滑油压力下降；而本案例中的硬质异物无法通过注油器喉部，在其中的位置也不确定，表现出来的润滑油压力时而正常、时而异常，对准确判断原因造成一定干扰，解决问题费时费力。汽轮机润滑油系统的异物危害极大，在检修期间一定要加强管理，严格工作程序和制度，确保无任何异物遗留在润滑油系统管路和设备内部。

[案例 15] **汽轮发电机组轴颈与轴承损伤**

一、设备简介

某国产 600MW 汽轮发电机组在基建调试阶段先后发生了两次汽轮机大面积轴颈与轴承损伤，造成了较大损失。该机组是由上海汽轮机有限公司与上海汽轮发电机有限公司制造的，汽轮机与发电机型号分别为 N600-16.7/538/538 和 QFSN-600-2-22A。汽轮机汽缸由高压缸、中压缸和两只低压缸组成，前轴承座和中轴承座为落地式；汽轮机高、中、低压转子由刚性联轴器连接并支撑在 8 只径向轴承上，其中 1～4 号轴承为可倾瓦结构，5 号轴承为三瓦块可倾瓦轴承（上半为圆筒形，下半为两块可倾瓦），6～8 号轴承为上下半圆筒轴承，发电机调速端、电端轴承（9、10 号）为三瓦块可倾瓦轴承，励磁机轴承（11 号）为四瓦块轴承。汽轮机润滑油系统主要设备包括：润滑油主油箱、主油泵、交流润滑油泵、直流事故润滑油泵、冷油器、顶轴油泵、排油烟风机和盘车装置等设备。

二、故障过程

第一次事故过程与处理情况如下。

某日 17 时 02 分左右，该汽轮发电机组进行第二次冲转时的摩擦检查，摩擦检查转速为 600r/min，冲转前检查各项参数和设备均正常，主机润滑油温度为 35℃；17 时 10 分 CRT 显示 7 号轴承 1 号金属测点（调阀端）温度达 105℃，此时主机转速为 402r/min，然后该点温度回落；17 时 17 分 主机转速为 176r/min，6 号轴承 2 号金属测点（发电机端）温度也异常上升到 113℃；随着转速下降，6 号轴承 2 号金属测点温度有短暂的下降过程，在转速为 138r/min 时温度为 92℃，然后随着转速的继续下降，该温度点又开始上升；17 时 21 分，6 号轴承 2 号金属测点温度最高达到 139℃，此时转速为 38r/min，随后主机转速很快降到零，投主机盘车后该点温度慢慢回落；稳定后，上述两个金属测点温度均比其他各轴承高 4℃左右。图 2-18 所示为上述温度的变化过程。在整个过程中，除上述两个温度测点外，主机其他各监视参数均未见明显异常。事故过程中，人工上调了 6、7 号轴处的顶轴油压。在盘车刚投用时，各轴的顶轴油压力均有所下降，顶轴油母管压力由冲转前的 13MPa 降至 9MPa，立即调整顶轴油母管压力至 15MPa。

机组停运后，在轴承检查工作开始之前，进行了大轴顶起高度的重新测量，测量时人为改变顶轴油母管压力，各顶起高度的变化测量结果如表 2-2 所示。

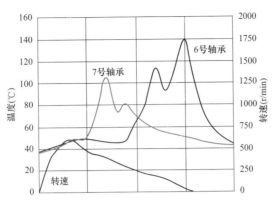

图 2-18   6、7 号轴承的温度变化曲线

表 2-2   汽轮机组顶轴油压力与轴颈顶起高度

轴承编号	母管	5	6	7	8	9	10
油压（MPa）	14	5.5	8.5	9.0	12	6.4	6.0
高度（μm）	—	80	40	70	50	20	60
油压（MPa）	9.0	4.6	7.5	8.3	8.8	6.2	6.0
高度（μm）	—	50	0	10	0	10	80

由表 2-2 可知，顶轴油母管压力为 9MPa 时，6、8 号轴已经无法正常顶起，考虑到事故时顶轴油母管压力已经跌至 9MPa，因此事故发生时这两处极可能没有被正常顶起。

对主油箱及冷油器进行检查。对安放在主油箱内的润滑油回油滤网（300 目）的检查结果表明，该滤网内部金属滤布的迎流方向下部被严重扯裂，总面积约占滤布总面积的 1/7，扯破的滤布大量积聚在完好滤布与滤网外部支架（孔径约为 0.5 cm×0.5 cm）的夹层中，并产生大量纤细金属丝，在滤网的底部也存在有不明脏物。对厂家提供的滤网 Ocr18Ni9 材质进行化学成分分析，结果表明所使用的滤网成分中 C、Cr、Ni、Mn 元素不符合规定要求。

进行主油箱清理时，发现不少纤细金属丝，并有黑泥状与颗粒状物质，放置在润滑油系统中的磁力棒上吸附了大量金属异物。对冷油器进行检查时发现不少破损滤网碎片、电焊渣和一些氧化皮。

对各轴承进行检查。考虑到 6 号轴承温度上升最高，检查首先从 6 号轴承开始。该轴承的检查结果是：上轴承有轻微擦伤；6 号轴颈严重刮伤，较大伤痕达 17 条，最大伤痕宽约为 2mm，深约为 1mm，伤痕呈圆周状、从中间到两侧依次渐密分布在 6 号轴颈处，局部情况如图 2-19 所示；下轴承发电机端顶轴油囊基本被磨平，发电机轴承表面乌金磨损严重，而汽端轴承乌金表面有严重拉毛现象，在拉毛处附着大量纤细金属丝，如图 2-20 所示。

经检查发现，该汽轮发电机组 7、8 号轴检查的结果与 6 号轴基本一致，只是轴颈与轴承的刮伤情况不及 6 号瓦严重。其他几处轴颈与轴承均有不同程度的损伤。

图 2-19　6 号轴颈刮伤情况

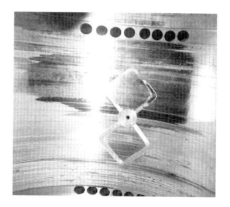

图 2-20　6 号轴承磨损的情况

从上述检查的结果来看，该起事故应是润滑油油质恶化所引起的。大的硬质颗粒进入了润滑油系统，造成轴颈的刮伤；润滑油回油滤布被冲破形成的纤细金属丝，使下轴承失去原有的自位能力，并加剧了轴颈与轴承之间的摩擦，这些摩擦造成顶轴油口失去其应有的功能。

事故后的处理工作主要从以下几个方面进行：①将破损的润滑油回油滤网中的滤布更换为质量合格的滤布，并在滤桶侧面与底面的接合部位安装相应压条，以确保该滤网不会再次冲破。②对所有轴承进行彻底检查，对刮伤情况比较严重的 6～8 号轴颈进行电刷镀处理，而对于其他几个刮伤情况较轻的轴颈进行一般打磨处理。将拉伤比较严重的 6～8 号轴的下轴承返厂重新浇铸乌金，并进行修刮；对其他拉伤程度较轻的轴承进行打磨处理。③确认各轴承下球面光洁度良好；用红丹进行检查，确认轴承球面与其注窝的接触面满足相关规定的要求；确认各轴承球面的洼窝球面弧度良好，以确保轴承的自位能力不受影响。④重新进行润滑油系统油冲洗。⑤更换新的顶轴油系统溢流阀，并对拆下的溢流阀进行返厂校核。校核结果表明，三个溢流阀均不能正确动作。在顶轴油系统监控界面中增设顶轴油母管压力的远传测点，加强对该系统的监视。

经过以上处理后，该机组顺利进行冲转、摩擦检查、并网和升负荷，最高负荷达到450MW，在此期间，主机轴承温度和各轴振动均在正常范围内，直到第二次事故发生。

第二次事故过程情况如下。

某日，该汽轮机组在各主要监测数据均正常的情况下打闸，进行破坏真空惰走试验，破坏真空前主机真空为−93.32kPa／−92.32kPa。在汽轮机转速为 220r/min 时，主机真空到零，在此期间，振动和轴承温度无异常变化。在汽轮机转速下降到 200r/min 时，7 号轴承 2 号温度测点（发电机端）显示该处温度上升趋势加快，此时顶轴油母管压力为13.5MPa，7 号轴承处顶轴油压力为 5MPa。随后启动第五台顶轴油泵，就地调高 7 号轴承顶轴油压力，在此过程中 7 号轴承 2 号测点温度继续爬升，转速降到 35r/min 时该处温度到达最高值 121℃，随后逐渐下降至正常值。盘车状态下，该处温度无异常，汽轮机偏心与盘车电流正常。

汽轮机盘车停运后，对 7 号轴承进行检查。检查结果大致如下：7 号轴颈被重新刮伤，该处下轴承单侧（发电机侧）磨损严重，但顶轴油口没有被破坏。在乌金表面存在一个特别明显的硬物压痕，轴承下球面有许多划痕，并且附着有碾平的金属薄皮。随即对 6 号轴与 8 号轴进行检查：6 号轴颈上增加了新的刮痕，6 号轴承基本完好；8 号轴颈与轴承基本完好。

三、故障分析

第二次故障发生后，再次检查发现主机润滑油回油滤网完好，油样化验结果为合格。从 7 号轴承检查情况来看，基本判定 7 号轴承出现单侧磨损。在事故过程中，除 7 号轴承顶轴油压力下降约 3MPa 外，其他各轴承顶轴油压力和顶轴油系统母管压力与冲转前相比并没有明显变化。除了油质原因外，导致该次事故的另一主要原因应该是轴承的自位能力不足。正是因为 7 号轴承的自位能力不足，所以该轴承在汽轮机转速下降的过程中向发电机侧单边倾斜后无法复位，从而造成该处汽轮机轴颈与轴承中间出现楔形空间，导致 7 号轴承处顶轴油压力下降。而轴颈的刮伤很明显还是由润滑油中存在硬质异物所引起的，单纯的主机润滑油化验结果合格，并不足以说明系统设备的清洁和无异物存在，这些异物的存在会引起众多不可预知的结果。综上所述，造成这两次汽轮机轴颈与轴承损伤事故的主要原因有以下几方面：

（1）润滑油中存在异物。从机组轴颈两次刮伤的情况看，油质恶化是导致轴颈刮伤的根本原因。尽管机组两次启动前均进行油质化验，结果合格，但润滑油合格并不能说明润滑油系统相关设备的清洁。另外，该机组第一次冲转后，在真空为 $-82kPa/-82kPa$ 的状态下，惰走时间为 45min。从该机组的惰走时间看，与同类型机组相比明显偏短，当时认为是真空偏低所致，没有引起足够的重视，事后分析可知，在第一次冲转时该机组轴颈就已经被刮伤。

该机组润滑油系统没有使用专用大流量冲洗机进行冲洗，这使得部分金属氧化物和焊渣等大颗粒没有及时排出润滑油系统，这些颗粒状物质可能藏匿在某个普通油无法冲洗到的角落或附着在管壁上。在第一次冲转后，主油泵出口压力比润滑油泵出口压力高出 5 倍多，这些物质被搅起或剥离，由于冷油器出口滤网与其旁路同时处于投运状态，所以这些颗粒状物质得以随着润滑油进入汽轮机轴与瓦之间，造成轴颈刮伤。在第二次冲转后，这些异物造成轴承的自位能力丧失，导致轴承的单侧磨损。

（2）润滑油系统设备制造缺陷。安放在主油箱内的润滑油回油滤网材质不符合设计要求，结构不合理，造成滤网布扯破，直接导致和加剧了轴承的损伤。破碎滤网形成的大量纤细金属丝随着润滑油涌进轴与轴承之间，破坏了轴与轴承之间的油膜，加剧了两者之间的摩擦。设备在出厂前或在保管过程中受到污染，设备封装前没有进行彻底检查，使得应该早发现的隐患未被发现，导致了事故的发生。

轴承的自位能力丧失是导致轴承损坏的直接原因。轴承良好的自位能力能确保汽轮机轴承与轴的随动，最大限度避免轴承与轴颈的单侧磨损。轴承与轴对中与否、轴承球面与轴承座的加工与安装工艺、异物的存在和缸体的变形等都会影响到轴承的自位能力。从检查情况来看，轴承座洼窝处有凸点，而轴承球面与轴承座分属于两个厂商加工完成，在投用前两者之间并没有进行配对研磨处理，轴承的自位能力无法得到保证，几个轴承的检查情况也证实了严重单侧磨损的发生。

（3）顶轴油系统工作不稳定。顶轴油系统工作不稳定，加剧了事故的严重程度。事故发生时，顶轴油母管压力已降至 9MPa，在该压力下 5 号轴颈和 8 号轴颈已经完全不能顶起。导致这种现象发生的原因是顶轴油母管上三只溢流阀工作不正常，从而造成顶轴油系统无法补偿因轴承自位能力减弱而带来的影响，恶化了事故的结果。事后分析看来，该机组第一次冲转时的惰走时间明显偏短，但该现象在当时很难引起足够重视。

（4）事故分析不彻底。在新建机组的安装与试运阶段，事故分析不彻底是致使事故重复发生的重要因素。这种参建单位多、合作性强的工作很容易造成各参建单位之间工作的重复与空缺，造成共享信息传达不畅；由于基建与生产任务繁重，客观上容易产生急于求成的侥幸心理，放松对某些环节的质量要求；事故发生后，各单位由于利益不同，客观上会造成有效事故信息的分割与隐藏，对事故原因的分析与认识也会产生分歧，从而难以形成客观、正确与统一的观点，造成事故处理工作无中心或中心发生偏移，以至造成事故的重复发生。

四、故障处理

事故再次发生后，主要处理措施如下：①继续进行润滑油系统油冲洗，并对 7 号轴承乌金进行重新浇铸和刮磨，对刮伤的 6、7 号轴颈进行打磨处理。②重新对 7 号轴承自位球面进行光洁处理，并重点检查该球面洼窝，结果发现该洼窝处沿轴向存在着两道手感明显的凸起。由于该洼窝现场处理不便，现场采用降低顶轴油母管压力、增加单个顶轴油支管油量等方法来补偿因设备缺陷而造成的轴承自位能力不足。③增加 6～8 号轴承顶轴油压力远传测点，以便加强监视与数据对比。

进行上述处理后，机组又重新顺利启动，摩擦检查与额定转速打闸停机时，各参数表现正常，多次低转速试验并没有出现轴承温度升高的现象。

五、结论与建议

汽轮机轴颈与轴承损伤严重时会造成汽轮发电机组大轴弯曲、转子动静碰磨，甚至整机损坏，直接和间接损失都是巨大的。如果汽轮机润滑油中含有硬质颗粒，它们对汽轮机轴颈的损伤是非常隐蔽的，可能在很长一段时间内都不能被发觉。因此，要加强对主机润滑油系统的管理和对其油质的监控；安装过程中对圆筒轴承与轴承座的接触性检查应有针对性，除径向的检查外，还应加强对轴向检查；对于设置顶轴油系统的汽轮机组来说，汽轮机在低转速运行时应加强各顶轴油压力的监视。

该事故的发生在一定程度上也暴露了机组在管理、制造、基建、调试与运行方面的一些不足。在机组基建阶段，相关部门应强化组织协调工作，充分发挥相关人员的能动性，加强设备运行数据的对比与分析，对已发生事故的分析做到及时而透彻，以发现与解决问题为整个分析工作的中心；做好设备交接关键点的控制工作，严格把关，在工期安排上避免急于求成。

[案例 16] **660MW 机组汽轮机轴承碾瓦**

一、设备简介

某 660MW 上汽-西门子超超临界汽轮机组，其型式为一次中间再热、反动式、单轴、四缸四排汽、双背压、凝汽式汽轮机，机组型号为 N660-28/600/620。

机组轴系主要由高压转子、中压转子、低压转子、发电机转子及集电环转子组成，各转子之间均采用刚性联轴节连接。汽轮机机组四个缸的转子由五个径向椭圆轴承支撑，而发电机与励磁机转子由三个径向椭圆轴承支撑，其轴系布置如图 2-21 所示。

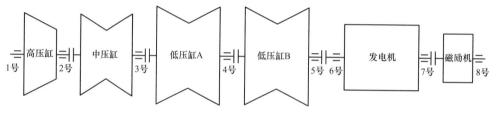

图 2-21　轴系布置示意图

二、故障情况

机组于 2014 年 12 月投产，2015 年 7~12 月，机组 1 号瓦温度开始出现波动现象，且波动幅度呈逐渐增大趋势，1 号瓦温度最高达到 100℃以上。2016 年 1 月机组检修时，对 1 号瓦翻瓦检查，发现 1 号瓦出现严重的碾瓦现象，1 号瓦上有两道较深刮痕（刮痕情况见图 2-22）。刮痕尺寸分别约为宽 3mm、深 1mm 和宽 2mm、深 0.5mm，下瓦乌金面被严重碾磨（乌金损坏情况见图 2-23），堆积到轴瓦一侧，轴颈未出现明显划痕。复查 1 号瓦轴瓦，发现轴瓦顶隙超过 1mm，而设计要求值为 0.30~0.37mm，远超设计值约 0.6~0.7mm。

三、故障分析

1. 历史数据检查

检查机组 1 号瓦瓦温历史记录情况，2015 年机组 1 号瓦瓦温每月最高值如图 2-24 所示。

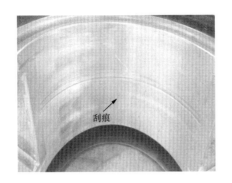

图 2-22 上瓦刮痕

图 2-23 下瓦乌金损伤

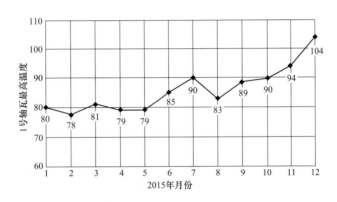

图 2-24 2015 年 1 号轴瓦温度曲线

从图 2-24 可看出，2015 年 6 月之前，机组 1 号瓦瓦温基本比较稳定，最高温度不超过 81℃。2015 年 6 月之后，1 号瓦瓦温波动幅度逐渐增大，且 1 号瓦瓦温最高值与 2015 年 6 月之前相比有较大幅度升高。

2015 年 12 月机组安排停机，当机组转速降至 1000r/min 时，1 号瓦下瓦温度突然上升，最高升至 104℃。转速降至 540r/min，机组顶轴油泵启动后，1 号瓦瓦温才逐渐回落，机组惰走时间约为 95min。机组停机过程 1 号瓦瓦温变化情况如图 2-25 所示。

2. 原因分析

从 1 号轴瓦和轴颈的损伤情况看，1 号轴瓦的上瓦块及下瓦块均有两道较深的划痕，上瓦划痕清晰可见，下瓦乌金面因发生碾磨严重，划痕已大部分被乌金填平，而 1 号轴颈未出现划痕。判断可能有硬颗粒异物落入 1 号轴瓦间，硬颗粒异物的硬度介于轴颈材料与轴瓦乌金之间，导致轴瓦乌金面被严重划伤，而轴颈未受损伤。

机组在 2015 年下半年运行过程中，1 号轴瓦温度出现了频繁的大幅波动，说明 1 号轴瓦在该时段已出现一定程度的损伤，1 号轴瓦很可能出现划痕，造成轴瓦工作面油膜不稳定。伴随机组长时间运行后，1 号轴瓦有损伤加重的趋势，造成 1 号轴瓦温度逐渐升高，波动幅度逐渐增大。

正常情况下，当转速高于 280～320r/min 时，轴瓦工作面上可建立有效油膜。但从图

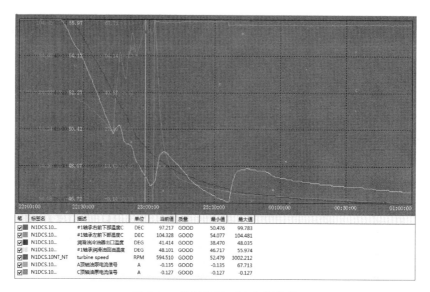

图 2-25　机组停机瓦温变化情况

2-24 可以看出，机组在 2015 年 12 月停机时，当转速降至 1000r/min 时，1 号轴瓦下瓦多个温度测点出现突升，可基本判断该时段由于 1 号轴瓦刮痕已较深，油膜发生破裂，出现了轴瓦与轴颈的干摩擦现象，乌金严重熔毁和碾瓦现象也在该阶段发生。当转速降至 540r/min 时，机组顶轴油泵启动，顶轴油将转轴顶起后，轴颈与轴瓦不再接触，干摩擦现象消失，1 号轴瓦温度开始下降，回油温度迅速上升。

从 1 号轴瓦乌金面的损伤严重程度看，机组停机过程中 1 号轴瓦的最高温度应远超 104℃，1 号轴瓦瓦温测点并未真实反映出当时的实际温度。机组运行过程中 1 号轴瓦温度显示值可能低于实际温度，未能引起足够重视，导致未能及时采取预防措施防止碾瓦事故的发生。

由上述分析可知，轴瓦划痕为硬颗粒异物损伤所致，硬颗粒异物硬度介于轴颈材料与轴瓦乌金之间；轴瓦划痕造成轴瓦工作面油膜不稳定，在机组停机惰走过程中油膜发生破裂，轴瓦与轴颈发生干摩擦现象，导致轴瓦乌金出现严重熔毁和碾瓦；轴瓦温度测量显示温度偏低，未引起足够重视，导致未能及时采取预防措施防止碾瓦事故的发生。

四、处理方法

1 号轴瓦发生碾瓦后，采取了以下处理措施：①由于 1 号轴瓦下瓦乌金严重磨损，乌金面减薄，转子相对下移，所以造成轴瓦顶隙变大，对 1 号轴瓦进行了返厂重新浇铸，轴瓦加工精度为 0.02mm。②由于 1 号轴瓦瓦温测点不能真实反映实际温度，对 1 号轴瓦瓦块温度测点的深度和角度重新校验，保证测量结果和设计数据相符。③1 号轴瓦浇铸修复后进行了重新安装，测量轴承有关数据，发现转子上抬量较机组修前高 0.6mm，综合考虑轴系和汽缸状态，通过打磨轴瓦垫铁降低1号轴瓦高度至0.35mm。④检查1号轴瓦油管路，校验压力表，并对1号顶轴油管和润滑油管进行清理，保持油管清洁。⑤机组投运盘车后发现1号轴承振动偏大，校验汽轮机主轴中心，发现盘车中心偏低0.7mm，将盘车中心抬高0.7mm，重新投运盘车后，1号轴瓦轴振降至50～84μm。

机组1号轴瓦修复后的效果为：机组重新投运后运行正常，1号轴瓦轴振约为55～71μm，瓦振约为0.52～0.74mm/s，轴承温度约为77～79.2℃。

五、结论与建议

汽轮机轴瓦出现碾瓦故障的主要原因是轴瓦油膜失效后，轴颈与轴瓦乌金发生了直接刚性摩擦，造成轴瓦乌金温度迅速升高并发生熔化，最终轴瓦乌金被转子碾压直至被完全损坏。油膜失效原因与润滑油断油、汽轮机低速时转子未顶起、轴瓦损伤后油膜工作不稳定等有关。建议加强润滑油油质控制，保证润滑油管、顶轴油管的清洁度，检修中加强对机组轴瓦检查，及时修复受损轴瓦，注意检查机组各轴瓦顶起高度，保证润滑油系统和顶轴油系统正常工作。对机组运行中轴瓦出现异常上升现象，应及时分析、判断故障原因，提前做好事故预防措施，防止机组碾瓦事故的发生。

第三章

汽轮机辅机故障

[案例 17] **660MW 机组高压旁路减压阀脱落**

一、设备简介

某 660MW 上汽-西门子超超临界汽轮机组，其型式为一次中间再热、反动式、单轴、四缸四排汽、双背压、凝汽式汽轮机，机组型号为 N660-28/600/620。汽轮机采用高、中压联合启动方式，机组旁路系统采用高、低压两级系统串联布置，设计容量为 40%BMCR（锅炉最大连续蒸发量），高压旁路减压阀为 BAOMAFA 全套进口设备，采用 3 级减压，减压阀及减温水控制阀也采用液动执行机构。

二、故障描述

机组自首次投运以来，高压旁路减压阀在开启状态下一直存在高频振动大、噪声高、内漏严重等故障问题。高压旁路减压阀及阀后管道产生的高频振动，振幅达到 0.5～0.9mm，多次造成阀后压力测点、疏水袋液位开关等焊口振裂，温度测点振坏，高压旁路减压阀及阀后管道（6.4m 层、0m 层）区域噪声最大达 108dB(A)，机组在投运期间多次被迫停机消缺。

经解体检查，发现高压旁路减压阀紧固阀座的 16 颗螺栓中有 9 颗已经松动脱落，18 片垫片丢失，高压旁路减压阀密封面被脱落的螺栓挤伤，第 3 级减压笼罩和底板脱落。从现场照片（见图 3-1）可以看出，高压旁路减压阀第 3 级阀笼罩和底板脱落后，第 2 级减压笼罩底部已成为直通式。

图 3-1 高压旁路第 3 级减压笼罩脱落情况

三、故障分析

1. 设计特点与计算分析

多级减压阀在设计时，为了防止蒸汽通过减压阀时蒸汽流速达到当地音速，引起蒸汽超音速扩张，造成减压阀阀体和管道振动，通常会综合考虑合理的压比，防止减压阀后的蒸汽流速达到临界状态。

多级减压阀后的蒸汽压力按式（3-1）进行计算，即

$$p_n = p_0 \varepsilon^n \tag{3-1}$$

式中：p_0 为阀前蒸汽压力；p_n 为 n 级降压后的蒸汽压力；ε 为压比；n 为降压次数。

由式（3-1）变换可得压比（即降压系数）的计算式为

$$\varepsilon^n = \frac{p_n}{p_0} \tag{3-2}$$

该机组的 BAOMAFA 高压旁路减压阀设计为 3 级减压，设计参数见表 3-1 和表 3-2。

表 3-1　　　　　　　　　　　　　不同工况的压比设计值

工况	Case 1	Case 2	Case 3	Case 4	Case 5	Case 6
压比 ε	0.582 6	0.63	0.62	0.58	0.57	0.56

注　Case 1 为设计工况，Case 2～Case 6 为特殊工况。

表 3-2　　　　　　　　　　　采用 Case 1 时蒸汽额定参数的设计值

名称	阀前蒸汽压力 p_0（MPa）	阀后蒸汽压力 p（MPa）	阀前蒸汽温度 T（℃）	蒸汽流量 （t/h）
数值	27.491	5.436	600	756.81

检查该机组的历史运行数据，其启动运行参数见表 3-3。表中的蒸汽温度和压力均为实际运行数据，压比 ε_3 是各实际运行参数按照 3 级降压运行，由式（3-2）运算求得。从计算结果可以看出，各运行工况下，压比 ε_3 的值已远小于设计工况 Case 1 下的 ε 值 0.582 6，这表明减压阀的实际运行工况与设计工况偏离较大。

表 3-3　　　　　　　　　　　　　　启动运行参数

参数名称	运行工况 1 2014 - 12 - 10	运行工况 2 2015 - 01 - 05	运行工况 3 2014 - 12 - 04	运行工况 4 2015 - 01 - 14
阀前蒸汽温度 T_0（℃）	432	452	444	526
阀后蒸汽温度 T（℃）	374	304	393	402
阀前蒸汽压力 p_0［MPa（a）］	8.0	8.2	9.0	17.0
阀后蒸汽压力 p［MPa（a）］	0.3	1.05	0.78	0.51
压比 ε_3	0.334 7	0.504	0.442 5	0.310 7

对过热蒸汽而言，喷嘴类的临界压比 ε_{nc} 为常数 0.546，表 3-3 中压比 ε_3 的值不仅小于设计压比值，而且还小于临界压比 ε_{nc} 的值。这表明当过热蒸汽通过高压旁路减压阀时，蒸汽流速进入了临界状态，已经超过了当地音速。通过高压旁路减压阀的蒸汽临界扩张时会出现自由喷射现象，导致阀体及其后管道产生强烈的振动和巨大的噪声。因此可以断定，现场高压旁路减压阀运行时出现的高频振动和噪声就是由此产生的。

2. 运行特点分析

该发电厂汽轮机采用高、中压缸联合启动方式，在启动过程中，通过调节高、低压旁路减压阀，全程控制主、再热蒸汽的压力。汽轮机对冲转蒸汽参数有要求，在冷态启动过程中，要求冲转的主、再蒸汽压力分别为 8MPa 和 2.5MPa。主蒸汽压力为 8MPa 时，按照高压旁路 3 级减压阀的设计压比 0.582 6 和临界压比 0.546，利用式（3-1）进行计算，得出 3 级减压后的设计压力和临界压力分别为 1.58MPa 和 1.3MPa。结果表明，再热蒸汽的冲转压力 2.5MPa 远大于减压后的设计压力和临界压力。机组并网升压后，再热蒸汽的压力也同样大于临界压力，直至随着负荷的不断升高，高压旁路减压阀逐渐关闭至全关。因此，汽轮机冲转、并网升负荷过程中，带 3 级减压效果的高压旁路减压阀能够满足再热蒸汽压力大于临界压力，而且基本能够满足设计压力的要求。

主、再热蒸汽的升压、升温速率限制必须严格按照锅炉的升压、升温曲线来进行控制，不能随意改变。锅炉冷态启动升压曲线如图 3-2 所示。

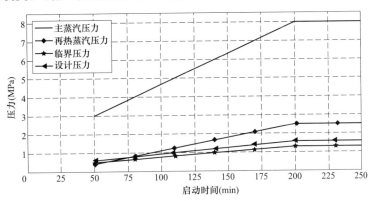

图 3-2 锅炉冷态启动升压曲线

图 3-2 中临界压力和设计压力是主蒸汽压力在 3 级减压方式下，分别按照临界压比和设计压比，由式（3-1）计算得出的。图 3-2 显示，在锅炉启动初期，锅炉启动曲线中再热蒸汽压力的要求值稍低于临界压力，比设计压力要更小一些。锅炉启动曲线 50min 位置是锅炉冷态启动的点火位置，锅炉厂提供的启动曲线中并未明确给出点火前的升压限制值。由于各种原因，锅炉点火启动前，很难控制主、再热蒸汽压力在 3 级减压效果下的压比；锅炉点火启动后的主要关注对象除了压力外，更重要的是对蒸汽温度的控制，为防止主、再热管道因积水产生水击等严重事故，通常将主、再热管道中的所有疏水阀打开，加强管道疏水。因此，在锅炉点火启动后的升压阶段，也很难保证主、再热蒸汽压力在 3 级减压

效果下的压比值较大。

由于锅炉启动升压曲线限制的要求，以及运行中对再热器压力控制的不合理，锅炉在实际启动升压过程中再热蒸汽压力控制值过低，从而出现了表 3-3 所示各种工况的主、再热蒸汽压力值。而高压旁路减压阀仅带有 3 级减压效果，在实际运行时压比过小，远远偏离设计压比，甚至小于临界压比，致使通过高压旁路减压阀的蒸汽流速进入了临界状态，超过了当地音速，形成了自由喷射现象，导致高压旁路减压阀阀体及其后管道产生强烈的振动和巨大的噪声。

3. 减压阀结构分析

图 3-3 所示为高压旁路 3 级减压阀的第 2、3 级减压笼罩及底板的结构图。可以看出，最内侧的第 2 级减压笼罩与底板是没有焊接的，仅靠最外侧的第 3 级减压笼罩左侧与底板、右侧与主阀体的倒角处的薄弱焊接来支撑和固定第 3 级减压笼罩及底板的位置。由于第 3 级减压笼罩的焊口力度非常薄弱，当通过高压旁路减压阀的蒸汽流速进入临界状态，形成超音速汽流后，蒸汽汽流的自由喷射使第 2、3 级减压笼罩和底板的剧烈振动，从而导致第 3 级笼罩和底板断裂、脱落。从现场照片（见图 3-4）可以看出，第 3 级减压笼罩与底板的焊缝处已全部脱落。

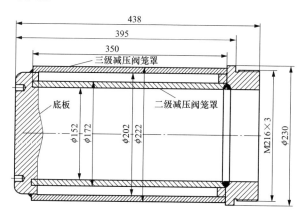

图 3-3　高压旁路 3 级减压阀结构

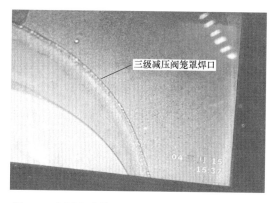

图 3-4　高压旁路第 3 级减压阀笼罩与主阀体焊口

4. 危险性分析

高压旁路减压阀第 3 级减压笼罩和底板脱落后会直接影响其减压能力。由于底板脱落，剩余的 2 级减压笼罩底部成为直通式，失去减压功能，高压旁路减压阀仅剩第 1 级减压装置可用，其最大减压能力不到主蒸汽压力的一半；如果机组在额定负荷工况下突然发生跳闸或其他原因导致高压旁路减压阀突然快开，高压旁路减压阀后压力会超过冷端再热器额定压力 1 倍以上，造成再热器及冷、热端再热器管道严重超压，威胁机组的安全稳定运行和人身安全。因此，丧失第 2、3 级减压功能的高压旁路减压阀运行风险极大，机组运行时必须进行相关的限制和机械闭锁，防止高压旁路减压阀突然开启；此外，高压旁路减压阀第 3 级减压笼罩和底板脱落后，在正常投运过程中会产生强烈的高频振动，还容易导致与高压旁路减压阀有关的压力、温度测点损坏，螺栓振松脱落，蒸汽管道焊口撕裂漏汽，高压旁路液压控制系统管道接头振裂漏油、着火，高压旁路减压阀及减温水控制阀失去液压控制动力等问题，严重威胁机组的安全稳定运行。因此禁止投用丧失第 2、3 级减压功能的高压旁路减压阀。

四、处理方法

1. 改进计算与对比

按照 Case 1 压比 $\varepsilon = 0.5826$ 和临界压比 $\varepsilon_{nc} = 0.546$，由式（3-1）计算 5 级减压效果见表 3-4 和表 3-5。由表 3-4 可以看出，将减压阀改为 5 级减压后，部分运行工况的阀后压力已大于设计压力和临界压力值，减压阀减压后的蒸汽流速有所降低，但是仍有 2 个工况的阀后压力值小于设计压力和临界压力。因此运行中阀后压力有必要按照计算的阀后设计压力值进行严格控制。

表 3-4   5 级减压计算启动参数

参数名称	压比	冷态启动	温态启动	热态启动	极热态启动
设计阀前压力 p_0 [MPa（a）]	—	8.0	8.5	12.0	12.0
计算阀后设计压力 p_d [MPa（a）]	$\varepsilon = 0.5826$	0.537	0.571	0.805	0.805
计算阀后临界压力 p_c [MPa（a）]	$\varepsilon_{nc} = 0.546$	0.388	0.412	0.582	0.582

表 3-5   5 级减压计算实际运行参数

参数名称	压比	运行工况 1 2014－12－10	运行工况 2 2015－01－05	运行工况 3 2014－12－04	运行工况 4 2015－01－14
阀前实际压力 p_0 [MPa（a）]	—	8.0	8.2	9.0	17.0
阀后实际压力 p_0 [MPa（a）]	—	0.3	1.05	0.78	0.51
计算阀后设计压力 p_d [MPa（a）]	$\varepsilon = 0.5826$	0.537	0.5504	0.6041	1.141
计算阀后临界压力 p_c [MPa（a）]	$\varepsilon_{nc} = 0.546$	0.388	0.3979	0.4367	0.8249

根据锅炉冷态启动曲线，得出3级减压与5级的计算结果对比曲线如图3-5所示。

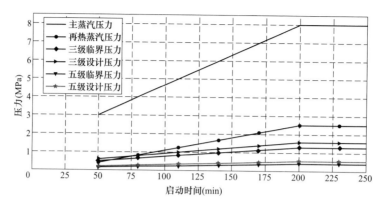

图 3-5　3 级减压与 5 级减压的对比曲线

从图 3-5 可以看出，3 级减压改为 5 级减压后，减压效果明显，升压曲线中的再热器蒸汽压力值明显高于 5 级减压后的设计压力和临界压力值，避免了蒸汽在通过高压旁路减压阀后进入超音速的临界状态，极大减轻了高压旁路减压阀的振动和噪声状况。由此可见，高压旁路减压阀由 3 级减压改造为 5 级减压后，锅炉的启动升压曲线是符合高压旁路减压阀的运行要求的，锅炉的启动升压过程完全可以按照锅炉制造厂提供的启动曲线来控制。

2. 改造与投运效果

图 3-6 所示为高压旁路减压阀改造为 5 级减压后的设计结构图。该发电厂在机组检修期间，按照设计图纸将原来的 3 级减压阀改造为 5 级减压阀，改进了各级减压笼罩的安装工艺，加强了减压笼罩容易脱落部位的焊接，修补了减压阀受到损伤的密封面。高压旁路 5 级减压阀改造完成后，在机组启动时重新进行投运，并加强了对锅炉启动升温、升压曲线的控制。高压旁路 5 级减压阀运行情况良好，彻底消除了高频振动大、高噪声，以及高压旁路内漏问题。

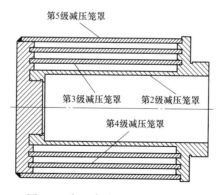

图 3-6　高压旁路 5 级减压阀结构

五、结论与建议

　　高压旁路减压阀的减压等级在设计时综合考虑的因素很多。首先选型时除了考虑设计压比必须大于临界压比外，还应将蒸汽流速限制在一定范围内，过高的蒸汽流速和减压装置不合理的焊接工艺，很容易造成减压装置的脱落；其次是要考虑减压阀的实际运行情况，特别是在机组启动阶段，由于对主、再热蒸汽升温、升压控制的需要，高压旁路减压阀在投用时，阀后蒸汽压力一般只能控制在较低压力值，设计减压等级时可以通过适当增加减压级数加以解决；此外，应严格按照锅炉的启动升温、升压曲线对主、再热蒸汽进行控制，避免对锅炉本体，主、再热蒸汽管道，高压旁路减压阀，以及其阀后管道造成不必要的损害。

[案例 18] # 1000MW 机组高压旁路阀螺栓断裂

一、设备简介

某汽轮机组是东方汽轮机厂生产的 1000MW 超超临界、一次中间再热、冲动式、单轴、四缸四排汽、双背压、凝汽式汽轮机，机组型号为 N1000-25/600/600。机组高低压旁路为二级串联布置，机组共配置 1 套高压旁路装置和 2 套低压旁路，高、低压旁路阀均布置在汽机房 16m 运转层。高、低压旁路装置由 CCI 公司制造，高压旁路装置型号为 HBSE280-300，低压旁路装置型号为 HBSE80-600。

二、故障描述

该机组于 2014 年投产，运行约 1 年后即发生高压旁路阀螺栓全部断裂的严重事故，事故详情如下：

事故发生前，机组负荷 798MW，主/再热汽压为 19.99MPa/3.25MPa，主/再热汽温为 595.7℃/602.4℃，高、低压旁路阀以"跟随模式"运行。机组稳定运行中，汽机房机侧突然发出巨大异响，机组负荷及主汽压力迅速下滑，大屏报警显示"旁路动作、高低压旁路异常"，高压旁路油站油压自 22.77MPa 开始，经 12s 急剧下降至 0.83MPa，高压旁路后温度自 258.9℃上升至 404℃，高压旁路开度指令为 0，阀位反馈在 0~100% 急剧无序地波动。高压旁路阀、高压旁路减温水阀显示"故障"，手操高压旁路阀及高压旁路减温水阀无效。此时，汽机房内声音震耳欲聋，蒸汽弥漫并持续泄漏。判断高压旁路阀处存在严重泄漏，急减负荷至 296MW，手动"紧急停机"。事故过程中机组主要参数变化情况见图 3-7。

事故发生后检查现场，发现高压旁路阀严重损坏，阀盖被冲飞掉落在汽机房 16m 运行平台；阀芯、笼套被冲飞后，穿破汽机房楼板坠落于汽机房顶；操纵座油动机掉落在汽机房 7.6m 平台。阀盖上 16 颗螺栓全部断裂，阀笼严重变形；汽机房 2 号行车损坏，房顶及部分墙面、地面受到不同程度破坏。高压旁路阀阀盖螺栓断裂情况见图 3-8，阀笼变形情况见图 3-9。

三、故障分析

该机组高压旁路阀形式均为角式，水平进下出，执行机构垂直布置，高压旁路阀外形及内部结构分别见图 3-10 和图 3-11。

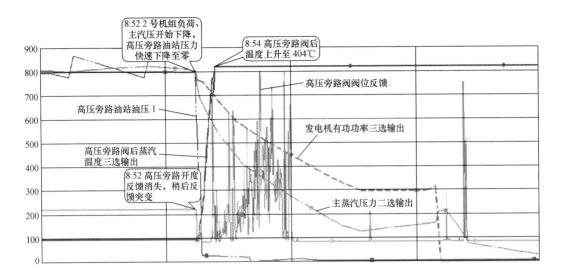

图 3-7 机组主要参数变化

图 3-8 高压旁路阀阀盖螺栓断裂

图 3-9 高压旁路阀阀笼变形

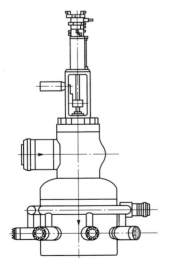

图 3-10 高压旁路阀外形

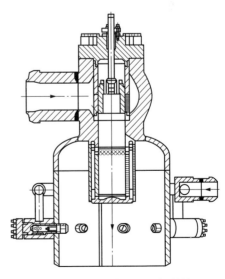

图 3-11 高压旁路阀内部结构

HBSE 280-300 高压旁路阀不带自密封结构，阀盖与阀体密封依靠阀盖螺栓紧力密封。高压旁路阀阀盖螺栓共有 16 枚，由于通过螺栓紧力密封阀盖与阀体，因此阀盖螺栓始终处于受力状态，在阀门关闭状态下承受阀后压力，阀门开启状态下承受阀前压力。

图 3-12　高压旁路阀阀盖螺栓断面

高压旁路阀阀盖螺栓为圆柱形结构，B446 不锈钢材质，螺柱与螺纹过渡区无弧段，存在应力集中的可能；而现场断裂螺栓光谱检查结果表明，B446 螺栓存在 550℃以上高温下变脆的可能。高压旁路阀阀盖 16 枚螺栓均在阀体结合面螺纹套第一牙处断裂（见图 3-12），螺栓断裂面无新旧伤痕色差。

综上所述，高压旁路阀密封形式设计不合理，导致阀盖螺栓始终受力，高温环境下阀盖螺栓材质性能下降，出现质量问题，螺栓有可能在同一时间区间断裂。因此，螺栓的材质和结构型式是造成高压旁路阀门盖螺栓断裂的主要原因。

四、处理方法

高压旁路阀阀盖螺栓断裂故障造成高压旁路阀严重受损。高压旁路阀故障后，临时采取了以下紧急处理措施：对油动机和框架进行了更换；临时制作了 F91 材质阀笼，将阀笼原设计的 986 个节流孔改为 12 条腰型槽，笼罩的通流面积由原来的 190cm² 变为 195cm²，行程由原 150mm 变为 120mm；对阀盖密封导向损伤部位进行了修复，配置了导向环；原 B446 不锈钢材质无法满足使用要求，将其全部更换为更高规格的 B637 螺栓（材质 IN-CONEL-718）。经上述处理后，高压旁路阀完成了临时修复并投入使用，后期对高压旁路阀安排了整体更换，将其更换为带自密封结构形式的高压旁路阀（改造后的高压旁路阀结果见图 3-13 和图 3-14），彻底消除了依靠高压旁路阀螺栓紧力密封阀盖和阀体时螺栓易断裂的安全隐患。

五、结论与建议

不带自密封结构的高压旁路阀，依靠阀盖螺栓紧力密封阀体，阀盖螺栓将始终处于受力状态，这种密封型式的高压旁路阀存在螺栓断裂的安全隐患；而 CCI 公司提供的高压旁路阀螺栓在运行 1 年左右的短时间内就出现全部断裂现象，说明这批 B446 不锈钢材质螺栓确实存在不安全因素；该机组投产前后，高、低压旁路阀螺栓并未纳入正常的金属检测范围，螺栓的安全评估亦存在盲区。

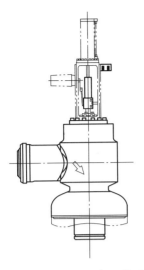

图 3-13 改造后高旁阀外形

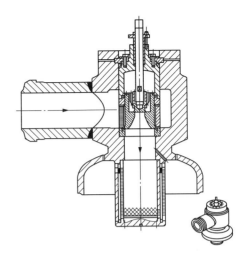

图 3-14 改造后高旁阀内部结构

建议电厂在高、低压旁路阀的密封选型上，选择带自密封结构型式的旁路阀，减轻阀盖螺栓的受力；将高、低压旁路阀盖螺栓金属检测纳入正常检测范围，制定检测周期，做好螺栓寿命监测和安全评估，机组检修时需加强对高、低压旁路阀盖螺栓的检查，发现受损的螺栓应及时更换；运行中要加强对高、低压旁路阀状态的监视（安装摄像头实现对现场的实时监控，布置测温元件实现对阀盖及螺栓温度的连续在线监测等），减少运行人员在高、低压旁路区域的活动，发现高、低压旁路阀状态异常时，应及时组织专业分析，制定防范措施及故障处理紧急预案，防止高、低压旁路阀螺栓断裂后出现人身伤亡、设备损坏的重大安全事故。

给水泵汽轮机高、低压汽源切换失败

一、设备简介

某电厂一期工程为 2×600MW 超临界燃煤机组，给水系统配置两台 50％额定容量的汽动给水泵和一台 30％额定容量的电动给水泵。汽动给水泵组配套的汽轮机型号为 NK63/71/0，由杭州汽轮机股份有限公司引进西门子技术制造，额定功率为 8886kW，额定转速为 5430r/min。

给水泵汽轮机的正常工作汽源来自主机四级抽汽（也称低压蒸汽），启动时使用辅助蒸汽。此外，进汽系统中还接入再热冷段蒸汽作为高压备用汽源，流程如图 3-15 所示。图 3-15 中速关阀相当于主汽门，受速关组合件控制。高压调节汽门和低压调节汽门则由 MEH 调节伺服系统控制。高压备用汽源先经过高压调节汽门，再依次通过速关阀、低压调节汽门，最后进入汽缸。从高压备用汽源的路线来看，两个调节阀串联在一起，为保证稳定性，厂家给定的配汽曲线如图 3-16 所示，低压调节汽门开度达到 70％时高压调节汽门才开启。

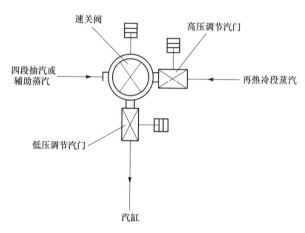

图 3-15 给水泵汽轮机进汽流程图

二、故障描述

该机组曾发生因四级抽汽电动门异常关闭而导致的机组停运事件。具体原因是给水泵汽轮机低压汽源因四级抽汽电动门关闭而快速失去，而高压备用汽源参与调节过晚，给水泵汽轮机驱动力失去，造成给水流量过低，最终导致机组停运。

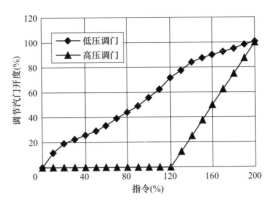

图 3-16　给水泵汽轮机原配汽曲线

为了查明故障的具体细节，对该给水泵汽轮机进行了低压汽源与高压备用汽源之间的切换试验。两台给水泵汽轮机编号分别为 1A、1B，试验前均由主机四级抽汽正常供汽，给水泵汽轮机高、低压调节汽门按图 3-16 开启。试验在 1B 给水泵汽轮机上进行，先使其出系，转速指令维持在 3500r/min 不变，就地手动关闭四级抽汽至 1B 给水泵汽轮机进汽电动门，1B 给水泵汽轮机转速持续下降到 457r/min，低压调节汽门开度逐渐增加到 70% 时高压调节汽门开始开启，1B 给水泵汽轮机转速随即上升，最高到 4011r/min，随后转速回落，经多次波动后基本稳定在 3500r/min。之后就地手动以每次 5% 的增幅开大四级抽汽至 1B 给水泵汽轮机进汽电动门，高、低压调节汽门开度也随之关小。在此过程中 1B 给水泵汽轮机转速最高达到 4615r/min，当四级抽汽至 1B 给水泵汽轮机进汽电动门全开后，高压调节汽门全关，低压调节汽门恢复到以前开度，1B 给水泵汽轮机转速稳定在 3500r/min。图 3-17 所示为切换过程中主要数据相对值的变化趋势。

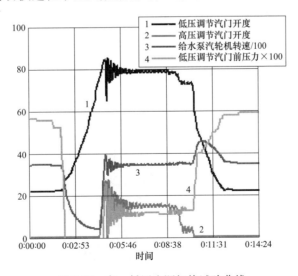

图 3-17　高、低压汽源切换试验曲线

从该次试验可以看出以下问题：

（1）当低压汽源快速失去时，高压备用蒸汽不能迅速投入，给水泵汽轮机转速下降严重，给水泵出力已经不能满足系统的运行需要。

（2）随着高压调节汽门的开启，转速上升过快，超调量较大，振荡次数偏多，调整时间较长。

（3）相对于低压调节汽门，高压调节汽门控制转速，稳定性较差。

（4）当低压汽源快速恢复时，高、低压调节汽门响应滞后，转速飞升不易控制。

三、故障分析

试验结果表明，相对于汽源的快速变化，高、低压调节汽门动作速度慢是造成上述问题的关键因素。按厂家设计，只有当低压调节汽门开度达到70％时高压调节汽门才可以开启，这使高压调节汽门的开启延迟。因为机组正常运行时，低压调节汽门开度在50％以下，一旦四级抽汽故障，系统发出指令，先将低压调节汽门开大，在其开度达到70％时再开高压调节汽门，这个过程需要一定的时间，给水泵汽轮机实际上已经"断汽"了。从试验情况来看，低压调节汽门开度从开始试验时的22.5％，开至70％用了近4min，这个时间太长。按图3-16所示配汽曲线进行调节，原设计的高压备用汽源控制方式无法满足运行要求，必须寻找一种更为有效的控制方式来解决这一问题。

另外，检查给水泵汽轮机MEH中相关逻辑发现，给水泵汽轮机高、低压调节汽门的开启速度受到相关参数的制约，而之所以对这些参数进行限制，是因为给水泵汽轮机正常运行时，要对其转速变化速度进行一定限制，以获得较好的调节品质并保证安全。这一限制与给水泵汽轮机低压汽源失去时对高、低压调节汽门快速响应的要求是有矛盾的，这也需要进行修改。

四、故障处理

经过分析，决定将高、低压调节汽门控制的任务分开，即让高压调节汽门控制给水泵汽轮机低压调节汽门前压力，而低压调节汽门仍然控制转速。这样可以保证在四级抽汽故障时给水泵汽轮机不会发生"断汽"，也使转速得到有效控制。但在一台汽动给水泵RB工况时，仍然采用高、低压调节汽门顺序开启的方式。具体做法是在低压调节汽门开度指令小于70％时，高压调节汽门按照一条给定的目标值曲线（见图3-18），控制低压调节汽门前压力；当低压调节汽门指令开度大于70％时，高压调节汽门开度指令取自上述压力控制器与厂家设定的函数控制器输出的大值。上述低压调节汽门前"实际压力"取自停机前正常运行时的数据，控制目标值略低于正常运行时的实际值，这样可以有效保证正常情况下，高压调节汽门完全关闭，避免因高压调节汽门频繁开启而造成的能量损失。

改进后，先在 1A 给水泵汽轮机上进行三次离线试验，每次均根据新的试验结果对高压调节汽门压力控制器参数进行修正。试验时 1A 给水泵汽轮机出系，转速指令维持在 3507r/min 不变，远方电动关闭四级抽汽至 1A 给水泵汽轮机进汽电动门，使 1A 给水泵汽轮机快速失去工作汽源。图 3-19 所示为最后一次切换试验中主要数据相对值的变化趋势。

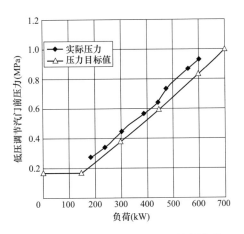

图 3-18　低压调节汽门前压力控制曲线

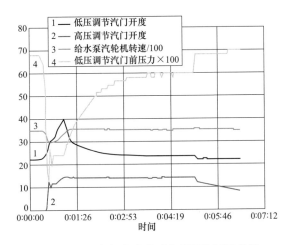

图 3-19　配汽方式改进后离线切换试验曲线

由图 3-19 可见，采用新的控制方式后，在给水泵汽轮机低压工作汽源快速失去的工况下，给水泵汽轮机的转速最多下降 45r/min，振荡过程仅一次，给水泵汽轮机控制的稳定性与快速性得到极大提高。这个结果说明，改进后的控制方式能够有效应对低压汽源快速失压的异常工况。

在线汽源切换试验是在机组负荷维持 455MW 不变的情况下进行，电动给水泵旋转备用，1A 汽动给水泵为试验泵，1B 汽动给水泵为主力泵。试验前调整 1A 汽动给水泵出水量，使其略比 1B 汽动给水泵少，以确保机组给水系统安全。试验时远方电动关闭四级抽汽至 1A 给水泵汽轮机进汽电动门，使 1A 给水泵汽轮机快速失去低压汽源。在汽源切换过程中，1A 汽动给水泵汽轮机泵转速、出口压力的振荡过程仅一次，转速从 4960r/min 下降至最低的 3970r/min，而给水流量变化较小，能够满足运行要求。图 3-20 所示为具体参数变化过程。

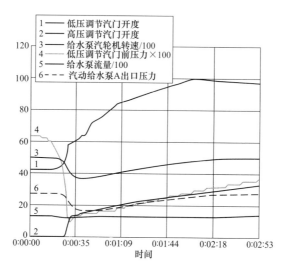

图 3-20　配汽方式改进后在线切换试验曲线

图 3-21 所示为该次在线切换试验各关键点发生的时刻序列，图中记时的起点为低压

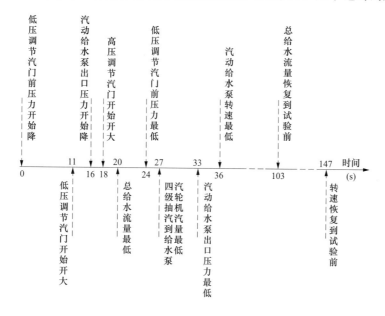

图 3-21　在线汽源切换试验各关键点发生的时刻序列图

调节汽门前压力开始降的时刻，系统总给水流量恢复时间为 103s。需要指出的是，机组在不同的负荷下，发生汽源失去异常时，各关键点出现的时刻是有差别的，但各关键点的前

后排列次序一般不会发生大的变化。

五、结论与建议

目前大型机组给水系统的配置方式由"2台汽动给水泵＋1台电动给水泵"正向"1台汽动给水泵"转变，这对给水泵汽轮机的运行可靠性提出了更高的要求，给水泵汽轮机汽源的可靠性是其中一个重要方面。给水泵汽轮机高压调节汽门控制方式改进后，正常工作汽源和高压备用汽源能够相互切换，在四级抽汽汽源突然失去的情况下，其响应速度得到极大的提高，提高了给水泵汽轮机汽源的可靠性；采用"滑压"的方式形成其控制目标值，避免了正常工况下因高压调节汽门频繁开启而造成的能量损失；一台汽动给水泵RB发生后，另一台汽动给水泵参数响应及时，机组给水系统可成功应对这种突发异常工况，系统可靠性得到很大提高。

[案例 20] **循环水泵跳闸导致机组跳闸**

一、系统简介

火力发电机组循环水系统是火力发电厂的一个重要系统，其主要功能是将冷却水连续不断输送至低、高压凝汽器去冷却汽轮机低压缸排汽，以维持凝汽器的真空，使汽水循环得以继续；此外，循环水系统还向开式水等系统提供冷却水，用来与闭式水系统冷却主、辅机设备后所携带的热量进行换热。

循环水系统对维持凝汽器真空，保持主、辅机设备的正常运行起着至关重要的作用，循环水系统的运行可靠性关系到机组运行安全和经济性。

二、故障描述

故障一：2015 年 6 月 2 日，某 600MW 亚临界机组因 UPS 故障导致循环水泵控制柜内表征循环水泵运行的反馈信号消失，循环水泵停运的凝汽器保护逻辑触发 MFT 柜保护动作，机组跳闸。

故障二：2015 年 6 月 29 日，某 600MW 机组因 DCS 远程柜 82 号柜通信故障，循环水泵 A、B 出口蝶阀关闭，循环水泵 A、B 跳闸，循环水系统中断，凝汽器真空低触发汽轮机跳闸保护动作，机组跳闸。

三、故障分析

1. 故障一原因分析

这是一次由循环水泵运行反馈信号消失引起的机组误跳闸事故，由于循环水泵控制柜电源 UPS 故障的原因，导致循环水泵运行反馈信号消失。而实际循环水泵并未停运，机组保护逻辑设计采用循环水泵全停时触发 MFT 动作。MFT 跳闸保护中原设计的本意是循环水中断触发 MFT 动作，但当循环水泵控制柜电源出现故障时，通过循环水泵运行反馈来判断循环水泵的运行状态显然会失真。

2. 故障二原因分析

循环水泵控制回路含 DCS 远程柜、就地控制柜和通信三个环节，一旦通信回路出现故障，DCS 远程便会失去循环水泵的状态监视，甚至触发循环水泵相应的逻辑保护。该次事故中，由于循环水泵 DCS 远程柜 82 号柜出现通信故障，造成采用通信方式控制循环水泵出口蝶阀的关指令出现了翻转，造成循环水泵出口蝶阀自动关闭。循环水泵出口蝶阀关闭后触发循环水泵跳闸保护动作，两台循环水泵均跳闸，循环水中断，机组最终因凝汽器真空低保护动作跳闸。

3. 循环水系统中断危害性分析

机组正常运行中循环水系统一旦中断，首先会造成凝汽器内无冷却介质，从汽轮机低压缸排入凝汽器的蒸汽无法冷却，凝汽器内压力会迅速上升，机组会迅速因凝汽器真空低保护动作跳闸。机组跳闸后高、低压旁路阀会立即保护快开，更多的高温高压蒸汽会迅速进入凝汽器，增大凝汽器内热负荷量，加速凝汽器压力上升。当凝汽器压力达到压力保护动作值时，会快关高、低压旁路阀，从而造成主、再热蒸汽无法泄压，只能通过过热器、再热器安全阀泄压。此外，循环水中断还会导致机组主、辅机设备的冷却换热水源丧失，主、辅机设备无法获得及时冷却。

机组正常运行中循环水系统突然中断后，可能出现的危害包括：①若低压旁路阀开启后因某种原因无法关闭，或未及时关闭主、再热蒸汽管道或其他热力系统管道排放入凝汽器的疏水，导致凝汽器内热负荷能量积聚上升，会造成凝汽器超压，防爆膜破裂，甚至出现凝汽器变形破裂的恶性事故。②循环水中断，会造成开式水中断，闭式水无法冷却，可能会导致主、辅机设备烧瓦损坏等重大安全事故。此外，循环水中断后，闭式水若水温过高，还可能造成压缩空气等重要公用系统停运，从而导致电厂大面积使用压缩空气的设备动力气源丧失，甚至可能造成一些关键部位的气动阀门处于失控的危险状态，对机组的安全停运构成严重威胁。

四、处理措施

1. 防范措施

机组正常运行中循环水系统突然中断时，为防止对凝汽器造成危害，应采取以下防范措施：当循环水系统突然中断后不能立即恢复时，应在机组跳闸后迅速切断进入凝汽器的热负荷，关闭高、低压旁路阀，开启过热器、再热器安全阀泄压。同时关闭热力系统所有进入凝汽器的疏水阀，当汽轮机惰走至允许破坏真空停机转速后，开启真空破坏阀，破坏真空停机。当真空至零后迅速切换汽轮机轴封蒸汽汽源（包括给水泵汽轮机轴封汽源），始终保持低压缸后缸喷水及凝汽器水幕喷水。

机组正常运行中循环水系统突然中断时，为防止对汽轮机轴瓦造成危害，应采取以下防范措施：为防止循环水系统中断后闭式水温过高时，汽轮机润滑油无法冷却而造成轴瓦烧瓦，机组应设置足够容量的闭式冷却水高位水箱，并设置汽轮机润滑油冷却水系统隔离系统。在循环水中断后闭式水温过高时，将汽轮机润滑油冷却水隔离出闭式水系统，利用闭式冷却水高位水箱的冷却水冷却汽轮机润滑油，通过控制闭式冷却水高位水箱流入汽轮机润滑油冷油器冷却水流量，控制汽轮机润滑油的温度，保证汽轮机顺利停机。

循环水系统中断后恢复时，若凝汽器温度过高，直接向凝汽器通入温度较低的循环水，凝汽器内换热管会因内外温差大时膨胀不均匀、热应力过大等原因，造成凝汽器换热管拉裂的破坏性事故。为防止对凝汽器造成危害，应采取以下防范措施：若凝汽器温度过高，禁止温度较低的循环水进入凝汽器，应先观察低压缸排汽温度，当温度小于 50℃时，允许循环水进入凝汽器；为了尽快恢复凝汽器的循环水供应，应设法尽快降低凝汽器内温度，可通过加强低压缸喷水、凝汽器水幕喷水和疏水扩容器喷水对凝汽器内蒸汽进行降温。若凝结水温过高，应加强对凝汽器热井进行换水，降低凝结水温度，同时排走凝汽器内的热量，加快凝汽器的冷却速度。

为了防止闭式水温过高造成压缩空气等重要公用系统停运或主、辅机设备轴瓦烧瓦，应及时消除循环水系统故障缺陷，尽快恢复循环水系统正常运行。

2. 故障预防

鉴于循环水系统的重要性，为确保循环水系统的运行可靠性，应对循环水系统的安全隐患进行排查。建议对以下内容进行检查：①循环水泵及出口阀是否存在动力电源和控制电源未冗余的安全隐患。②循环水泵跳闸逻辑保护设计是否合理，如是否存在单点保护，出口蝶阀与泵的连锁动作是否正确、可靠，是否存在出口蝶阀行程开关误动（如容易淋雨进水等）导致循环水泵误跳闸的安全隐患。③循环水泵控制系统是否运行稳定，本地或远程机柜控制器、卡件、通信膜件、电缆等是否存在老化、松动等安全隐患。④循环水泵出口蝶阀液压油站是否存在油压不稳或油压下降过快导致油泵频繁加载的故障隐患。发现循环水系统存在以上安全隐患，应及时进行相应整改或改造，消除安全隐患。

为提高机组运行稳定性，减少不必要的非故障停机次数，建议优化凝汽器保护逻辑，取消"循环水泵停运启动凝汽器保护"逻辑，改为凝汽器真空低保护逻辑，防止出现循环水中断逻辑误判后造成机组误跳闸。

此外运行机组应确保高、低压旁路阀开关操作灵活、无卡涩，过热器、再热器安全阀定值校验准确、动作可靠，保证在出现循环水中断事故工况后，高、低压旁路阀及过热器、再热器安全阀满足其设计功能。

五、结论与建议

机组正常运行过程中突然出现循环水系统中断，若处理不当，将对凝汽器、主、辅机设备造成严重损害。循环水系统中断后，应采取正确处置措施，切断进入凝汽器的热负荷，对重新进入凝汽器的循环水条件应进行严格限制，并积极采取减温措施降低凝汽器内温度，尽快恢复循环水系统正常运行。

为确保循环水系统和机组的运行可靠性，建议对循环水系统开展安全隐患排查，积极对存在的隐患问题进行整改和设备改造，优化循环水泵跳闸、凝汽器保护等逻辑，确保高、低压旁路阀及过热器、再热器安全阀的运行可靠性，防止因循环水系统中断，导致出现机组设备损坏、人身伤亡等重大电力安全事故。

[案例 21] 凝结水泵变频改造的典型问题

一、问题简介

在大多数情况下，对凝结水泵进行变频改造均能取得一定的节能效果，不少电厂已经或正在准备进行该项技术改造；不少新建机组在设计阶段就已经引入该项技术。从实际情况来看，在实施该项技术后，部分机组常遇到以下问题：高负荷时凝结水泵变频运行并不经济，有时甚至比工频运行能耗更高；受凝结水用户压力需求制约，凝结水泵变频运行节能效果很差；改造后凝结水泵变速运行时出现泵轴或管系振动大甚至断裂的情况，某省统计结果表明，近 60% 的凝结水泵变频改造后都会出现轴系振动增大现象。这些问题的出现在一定程度上影响着部分电厂进行凝结水泵变频改造的积极性，对于已经进行改造的电厂，也造成了一定的经济损失。

二、问题分析

凝结水泵变频改造的经济效益与其运行负荷密切相关，一般规律是机组负荷越低，凝结水泵变频运行的经济性越明显。虽然因为不同机组凝结水系统原设计参数存在一定差异，凝结水泵变频运行的经济性效果不方便进行比较，但其节能效果绝对值之间的比较结果还是具有一定的参考意义。图 3-22 所示为某省发电厂参与统计的 35 台机组（按容量等级划分）在额定负荷时，凝结水泵工频运行与变频运行之间电动机电流的差值比较结果。使用电动机电流代替电动机功率进行经济性比较会带来一定误差，但对于使用电压型多电平变频器的情况，凝结水泵电动机功率因数基本不变，其电流可正比反映功率变化；在使用其他类型的变频器时，电动机电流也基本可以定性反映出电动机功率的变化情况。

由图 3-22 可知，额定负荷下，不同机组凝结水泵变频运行相比工频运行，其电流降低值之间的差异很大，某 1000MW 机组甚至出现了变频运行电流更大的情况。造成这种现象的原因主要有三个方面：①凝结水泵本身流量特性存在差异。②凝结水系统管路特性存在差异。③凝结水泵出口压力低限值存在差异。当然，单纯比较额定负荷下的经济性可能会得到不准确的结论，最好的方法是在凝结水泵变频改造后进行全面的节能效果测试试验。但从统计数据看，在已进行过凝结水泵变频改造的机组中，只有 50% 的机组进行了专门的节能效果测试。

综合分析认为，凝结水泵变频改造时典型问题有以下几个：①改造前无法提前预测改造效果。②改造后缺少统一的试验手段，不能及时发现和处理存在的问题。③改造后发现

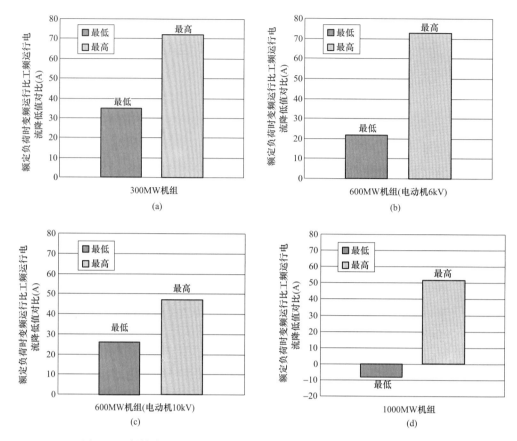

图 3-22　凝结水泵工频运行与变频运行之间电动机电流的差值比较结果

因凝结水泵转速变化而增加的设备缺陷。④凝结水泵变频运行节能效果差。⑤缺少统一的凝结水泵变频改造节能效果评价方法。

三、问题处理

1. 凝结水泵变频改造结果预评估

对凝结水泵变频改造效果进行预评估,可帮助改造项目决策,有助于变频器等设备选型,也有利于对因凝结水泵由定速运行改为变速运行而造成的不利影响进行事先控制。要对改造效果进行精确预评估,前提是要事先计算出凝结水泵变速运行时的主要参数。凝结水系统因有除氧器的存在,使得凝结水泵出口存在一个变化的背压,这会导致流体机械的比例定律无法直接应用。因此,必须寻求一种新的计算方法。

平衡点计算式的提出可帮助计算顺利进行,即

$$p_0 = \alpha \cdot Q_{\mathrm{m}}^2 + \frac{p_{\mathrm{cyd}}}{Q_{\mathrm{md}}} \cdot Q_{\mathrm{m}} + \rho \cdot g \cdot \Delta H \tag{3-3}$$

式中:p_0 为凝结水泵出口压力;Q_{m} 为主凝结水流量;Q_{md}、p_{cyd} 分别为额定负荷下的主凝结

水流量和除氧器压力；ρ 为凝结水密度；ΔH 为除氧器进口到凝结水泵出口总高度差；α 为反映凝结水系统沿程阻力与局部阻力的一个常数。

理想情况下，凝结水泵变速运行时，除氧器主、副水位调节阀均处于全开状态，除氧器水位只靠凝结水泵转速调节，凝结水泵出口压力满足式（3-3），并按图 3-23 所示 XOA 曲线变化；但部分机组出于对凝结水压力要求的考虑，会确定一个凝结水泵变速运行最低压力值 p_{0min}，此时凝结水泵出口压力按图 3-23 中 XOC 线变化，其中 XO 段满足式（3-3）；有的机组为了提高节能效果，其设定的凝结水泵出口最低压力值随负荷变化而变化，一般设置为一条斜线，如图 3-23 所示 XOB 线，其中 XO 段满足式（3-3）。在图 3-23 中的 OC 段与 OB 段，除氧器水位调节阀均参与调节。

根据图 3-23，结合凝结水泵在工频状态下的运行数据，考虑到除氧器水位调节阀的流量特性与实际运行中的前后差压，使用相似定律，便可计算出凝结水泵变速运行时的压力、流量和电流等主要参数，由此便可对改造效果进行预评估。

图 3-24 所示为使用上述方法对某 600MW 亚临界机组变频改造后运行工况点的预计算结果，清楚表明了凝结水泵转速、出口压力与流量三者之间的关系。由于凝结水流量与机组负荷基本成正比，由此可以估算负荷与凝结水泵出口压力、转速的关系，从而评估凝结水泵出口压力改变对凝结水用户的影响，以便必要时提早进行凝结水用户的改造，避免因凝结水用户压力要求限制造成的改造效益的下降。

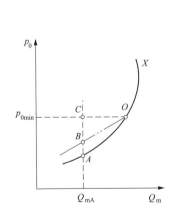

图 3-23　凝结水泵变速运行几种工况

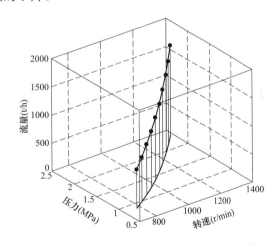

图 3-24　某 600MW 机组凝结水泵变频运行工况点

目前，不少机组在确定凝结水泵变频器容量时，均是按凝结水泵额定容量并考虑一定的裕量计算的。由于凝结水泵改为变速运行后，其实际运行功率会大幅度下降，按上述方法选择变频器会造成极大的投资浪费。所以变频器容量的选择，要兼顾正常运行工况和异常运行工况，既保证发电机组连续运行可靠性的要求，又避免变频器因容量选择过大造成的大量资金浪费。因此，事先确定凝结水泵改为变速运行后的最大功率很有必要。

图 3-25 所示为对改造前后凝结水泵电动机电流进行预评估的结果，计算的依据是式

（3-3）与水泵运行的相似定律。事先计算出凝结水泵变频运行时电动机的最大电流，进而可以计算出其最大功率，考虑一定裕量后，可据此对变频器进行选型，以降低改造成本。

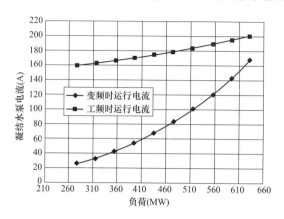

图 3-25　某 600MW 机组凝结水泵变频改造前后电流对比

2. 凝结水泵变频改造后试验

凝结水泵变频改造后的试验是确保凝结水泵变频正常运行不可缺少的一个环节，完善的试验内容有助于提早发现设备或系统缺陷。改造后的试验至少应包括以下内容：

（1）凝结水泵电动机单转变速试验。目的是检查变频器是否工作正常，检查电动机转向是否正确，检查电动机转速指令与实际转速是否一致。

（2）凝结水泵变速试验。目的是检查凝结水泵在不同转速下轴承温度是否正常；凝结水泵在转速变化过程中是否存在振动明显增大区域。

（3）凝结水泵变速流量特性试验。目的是测取除氧器水位调节阀不同开度时凝结水主管路的管道特性，确定凝结水泵变速流量特性曲线。

（4）凝结水用户调整试验。目的是在凝结水泵最小出口压力下对各凝结水用户做必要调整，以确保各凝结水用户的需要，同时也通过试验观察是否有进一步降低凝结水泵出口压力最低值的可能。

（5）变频凝结水泵热态投运与动态调整试验。目的是检查机组负荷与变频泵出口压力、变频凝结水泵转速之间的关系；确定较为合理的凝结水泵变频运行方式；检查凝结水泵出口压力的变化是否对机组安全稳定运行产生影响。

（6）变频凝结水泵与工频凝结水泵切换试验。目的是检查预定的切换程序是否合理，检查切换过程中是否有异常出现，以应对突发事故工况，并为日后的定期切换作准备。

3. 凝结水泵转速变化而增加的设备缺陷处理

凝结水泵由定速运行改为变速运行，会给其自身和凝结水系统管路均带来一定影响，最常见的问题一般有两个：①凝结水泵在工频运行时振动正常，但变频运行在某一转速范围内，振动突增。②一台凝结水泵变频运行时，备用泵工频启动，因压力突变造成凝结水系统管路振动突增。

通过系统的试验，上述两个问题均能提早发现并及时处理。一般的分析认为，是外界激励力造成了凝结水泵变频运行时的振动突增，可以采取对泵体支承加固的方法减少振动。实际处理时，较多采用的方法是使缺陷泵避开振动突增转速范围来避免振动的发生。可行的方法包括：①将缺陷泵作为工频备用泵。②从热工控制角度使缺陷泵在运行时避免在振动突增转速范围内停留。

采用泵体支承加固的方法减少振动，其目的是提高泵体结构的刚度，改变泵体结构的固有频率，将其调整到非常用工作区。常用的加固方法包括：在泵体支承筒上加竖筋或圆环；在进行改造之前最好对泵体结构进行模态分析，以确定最合理的调频方式。

凝结水系统管路中的压力突变常会导致管路出现振动甚至大幅度摆动的现象，严重时会导致重要焊口撕裂，机组被迫停运。凝结水泵变频改造后，处于备用状态下的工频泵一旦启动，凝结水管路中压力会突增，低负荷下尤其如此。该类问题一般属于机组设计缺陷，在对凝结水泵进行变频改造的同时要仔细检查整个凝结水系统管路，关键部位要加固，必要时更换除氧器水位调节阀。

4. 提升凝结水泵变速运行的节能效果

制约凝结水泵变频改造节能效果的最主要因素是凝结水泵出口压力允许最低值，它是由众多凝结水用户共同决定的，最常见的凝结水用户为给水泵密封水、低压旁路减温水与低压缸轴封减温水。图 3-26 所示为不同压力低限下凝结水泵电动机电流对比曲线，显然在相同负荷下，凝结水泵出口压力限制值越低，凝结水泵功耗越小，改造的效果越好。

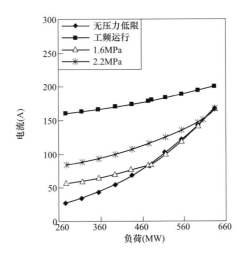

图 3-26　压力低限与凝结水泵电机电流曲线

对于改造机组，给水泵密封水对凝结水压力要求高是常遇到的情况。表 3-6 所示为四个厂家生产的 1000MW 机组配套给水泵对密封水参数的要求。显然除了苏尔寿生产的给水泵外，其他几家生产的给水泵对密封水压力要求都很高，如果其密封水为凝结水，则这种情况下凝结水泵变频改造的节能效果会严重受其制约。此时对于新建机组，建议在设计阶段就为给水泵密封水设置单独的水源；对于改造机组，建议在进行凝结水泵变频改造的同时，也进行给水泵密封型式的改造或增设密封水增压泵，以大幅度降低其对密封水参数的要求；对于运行中的机组可以尝试通过打开给水泵密封水调节阀的旁路阀来增加密封管路进口压力。

表 3-6 不同给水泵对密封水参数的要求

厂家	密封方式	流量（m³/h）	压力［MPa（g）］
苏尔寿	迷宫密封	12	1.2
凯士比	机械密封或水封	15	4
荏原	水封	25	4.2/3.4
沈阳透平	水封	6.84~13.2	2.8~4.0

一般情况下，低压旁路减温水也来自凝结水，对凝结水压力也有较高的要求。考虑到它主要是在机组启动或事故工况下使用，可以采取需要时立即启动备用工频泵的方式，在凝结水泵变频运行时可不考虑该限制。另外，根据低压旁路阀的实际情况，对低压旁路减温水阀进行改进，有时也可以降低低压旁路减温水对凝结水压力的要求。

凝结水压力降低时，部分机组的低压缸轴封减温水会出现喷水量不足的情况，凝结水泵变频运行时，高负荷下低压缸轴封减温水调节阀即使全开，也无法满足实际需要。因此，在进行改造前要对低压缸轴封减温水进行检查与测试，必要时对低压缸轴封减温水管路与阀门同时进行改造，以确保其不会成为制约凝结水压力降低的因素。

另外，即使所有凝结水用户对凝结水压力均无低限要求，也要设定一个凝结水泵出口压力最小允许值。这有助于防止当除氧器侧压力大于凝结水母管压力时，凝结水母管中的水通过凝结水再循环流回热井，除氧器热蒸汽倒流入凝结水管，从而造成凝结水母管水击事故。在凝结水泵变频运行时，必须避免该情况的出现，尤其是在机组热态检修期间。

相同负荷下，凝结水泵的出口压力越低，凝结水泵耗功越少。由式（3-3）可见，减小 α 可以降低凝结水泵出口压力。由于 α 反映了凝结水系统沿程阻力与局部阻力，调整凝结水管路上的阀门开度可以改变 α。在全开除氧器水位调节阀后，有机组通过全开除氧器水位调节阀的旁路阀，获得了更好的节能效果。

总之，在保证凝结水泵出口压力不低于最低允许值的情况下，运行时尽可能降低该出口压力值，从而降低凝结水泵转速，而压力最低允许值建议设计为与凝结水流量相关的可变值，以取得更大的节能效果。

5. 凝结水泵变频改造节能效果评价

凝结水泵变频改造的实际节能效果需要在改造后通过对比试验来测定。凝结水泵变速运行时，凝结水流量的需求可以通过开大除氧器水位调节阀来满足，也可以通过提升凝结水泵转速来满足，而两种做法的能量消耗是不同的。因此，在进行凝结水泵变频运行节能效果测试前，需要最大程度挖掘凝结水泵变频运行的节能潜力，制定安全可靠的除氧器水位调节阀与凝结水泵出口压力控制策略，在自动控制的情况下进行测试，避免人为干预，并记录凝结水流量与凝结水泵出口压力的对应关系，以作为事后比较的依据。

凝结水泵变频改造项目的实施究竟会产生多大的节能效果，目前还缺少统一的评价标准。多数电厂是大致按上述测试方法，在同一负荷下将凝结水泵工频与变频运行时的电动机电流进行对比，得到该负荷下的节能率，不同负荷下，可以得到一条节能率与负荷的关系曲线；或计算出全年的平均负荷，以该负荷下的凝结水泵变频运行的节能率作为改造的最终效果。在使用电压型多电平变频器的情况下，凝结水泵转速变化时，电动机的功率因数基本不变，其电流可正比反映功率变化。因而在进行凝结水泵变频改造节能效果计算时，可用电流参数代替功率参数，但如果使用其他型式的变频器，上述关系是不一定成立的，也就不能使用电流来代替功率进行计算，而应使用电动机功率进行计算。

实际上，变频器本身有一定功耗，额定状态下运行，其效率为 86.4～96％；凝结水泵改为变速运行后，其电动机的磁滞损耗、涡流损耗、定转子铜耗等在功率中所占比例都有所上升，该部分损失约使变频调速后电动机电流增加 10％；乐观估计这两部分损失叠加后的损失约为 15％。因此，在对凝结水泵变频改造节能效果评价时，上述两部分增加的损失是需要计算的。在计及这两部分损失后，额定负荷下可能会出现凝结水泵变频运行能耗更高的情况，如果机组长期高负荷运行，比如夏季电力供应紧张时，将凝结水泵切为工频运行可能更经济。

四、结论与建议

在凝结水泵变频改造前对改造效果预估可增加整个改造项目的可控性，最大限度避免不利因素出现；在改造后对节能效果进行科学全面的评价，有利于该项改造项目的深入推广；改造后统一而全面的试验方法可以减少试验的盲目性，提高实际运行的可靠性；对凝结水泵变频运行节能效果的深入挖掘可进一步提升改造效益。上述问题的有效解决，提升了凝结水泵变频改造项目的经济效益，增加了机组运行的安全性。

[案例 22] 汽轮机真空系统泄漏典型案例

一、设备简介

凝汽器是汽轮机组的重要设备。凝汽器真空值稳定运行在正常范围内，是确保机组安全运行与提高经济性的必要措施。影响凝汽器真空的因素是多方面的，如外部空气漏入、凝汽器钛管（铜管）结垢、循环水量不足、机组负荷等，其中外部空气漏入是造成机组真空降低的最常见原因。

随新蒸汽进入汽轮机的外部空气在经过相关除氧设备后，到达凝汽器的只有极少部分，一般情况下，凝汽器的抽真空设备可以顺利将其抽出，不会对凝汽器真空值造成严重影响。机组运行时，汽轮机组的许多设备与系统均处于负压状态，如低压回热系统、汽轮机低压缸排汽、凝汽器等。如果不严密，空气少量漏入，会导致凝汽器换热系数显著降低，从而降低机组运行的经济性；而空气的大量漏入，会造成机组真空突降，甚至导致机组跳闸。汽轮机真空系统泄漏问题多发，凝汽器真空检漏是多数电厂重要的日常工作之一。

二、故障情况

1. 故障1：凝汽器喉部裂纹泄漏

某电厂350MW超临界燃煤机组，配置3台真空泵和1台射水抽气器。超速试验前，真空严密性试验结果为100Pa/min，正常运行状态为1台真空泵＋1台射水抽气器。超速试验后，真空严密性严重下降，需要运行2台真空泵＋1台射水抽气器才能维持系统真空，且真空泵电流较大。具体数据为：凝汽器真空为−93.47kPa，排汽温度为39.7℃，真空泵电流分别为129、130A。

检漏前现场了解情况得知，凝汽器真空由正常到突然恶化中间，整台机组只进行了汽轮机超速试验，并没有其他大的操作。由于超速试验对汽轮机扰动性较大，所以初步判断真空严密性下降的原因为汽轮机轴封间隙磨损变大、凝汽器本体受损或与其相关系统管道出现裂痕。随后使用氦气质谱仪对汽轮机轴封、凝汽器本体重点检查，主要位置检查结果见表3-7。

检漏数据显示，凝汽器喉部存在较大漏点。就地检查发现凝汽器喉部存在30cm长的裂痕，如图3-27所示。对漏点临时处理后，凝汽器真空明显好转，真空严密性试验优秀，真空系统正常运行状态为1台真空泵＋1台射水抽气器。具体数据为：凝汽器真空为−95.37kPa，排汽温度为34.2℃，真空泵电流为113.2A。

表 3-7 350MW 机组氦气质谱仪检测数据

被检测位置	初始读数（mbar·L/s）	响应读数（mbar·L/s）
真空防爆膜	9.3×10^{-6}	1.8×10^{-5}
低压缸轴封	7.8×10^{-6}	2.9×10^{-5}
连通管道	1.2×10^{-6}	1.9×10^{-5}
凝汽器喉部	8.8×10^{-6}	7.8×10^{-3}

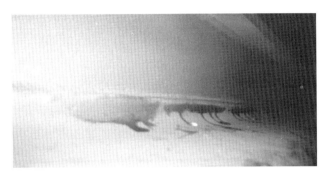

图 3-27 凝汽器喉部漏点处

2. 故障 2：汽缸结合面法兰排气孔泄漏

某电厂 1000MW 超临界燃煤机组，配置 3 台真空泵。凝汽器真空严密性试验结果为 A 侧 400Pa/min、B 侧 600Pa/min；运行时，凝汽器真空为 -94.0 kPa，真空泵电流分别为 289、310A。

检漏前现场了解情况得知，给水泵汽轮机为上排汽布置方式，该区域为凝汽器灌水查漏盲点，据此判断泄漏位置可能位于给水泵汽轮机汽缸结合面或给水泵汽轮机防爆膜。随后使用氦气质谱仪对给水泵汽轮机重点检查，主要位置检查结果见表 3-8。

表 3-8 1000MW 机组氦气质谱仪检测数据

被检测位置	初始读数（mbar·L/s）	响应读数（mbar·L/s）
A 给水泵汽轮机防爆膜	8.5×10^{-6}	8.5×10^{-6}
B 给水泵汽轮机防爆膜	8.4×10^{-6}	8.7×10^{-6}
A 给水泵汽轮机汽缸结合面	7.6×10^{-6}	7.8×10^{-3}
B 给水泵汽轮机汽缸结合面	8.5×10^{-6}	8.5×10^{-3}

检漏数据显示，两台给水泵汽轮机汽缸结合面处存在较大漏点。就地检查发现两台给水泵汽轮机汽缸结合面处法兰排气孔漏入空气。该处给水泵汽轮机法兰排气孔为该机组特殊设计部分，如图 3-28 所示。

对汽缸结合面法兰排气孔漏点进行临时处理后，凝汽器真空提高，真空严密性试验数据优秀，真空系统具体数据为：凝汽器真空为 -95.5 kPa，真空泵电流分别为 287、309A。

另一电厂 1000MW 机组两台给水泵汽轮机也为上排汽设计，给水泵汽轮机汽缸结合

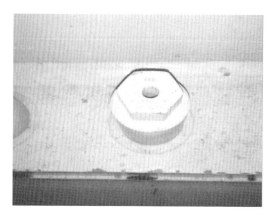

图 3-28　汽缸结合面法兰排气孔

面法兰也设计排气孔，并存在漏入空气现象。按同样的方法处理后真空正常。

三、故障处理

真空系统的检漏通常要使用专业的检漏工具，进行系统的分析和具有丰富的经验也十分重要。在众多凝汽器真空系统检漏设备中，使用最多的是超声波检漏仪和氦气质谱仪，实际使用时应根据现场具体情况选择合适的检漏仪器。

1. 真空检漏使用仪器

超声波检漏仪依据物体互相碰撞就会产生超声波干扰这一特点设计。具体为真空泄漏时穿过漏孔的分子间会发生碰撞产生超声波干扰，在高于 20kHz 的超声波频率范围内，环境噪声声压较低，泄漏噪声声压较高。该仪器利用该频谱特性，内部首先过滤环境噪声干扰信号，然后检测一定超声波频率范围内的泄漏噪声，从而定位到泄漏位置。实际应用时，超声波检漏仪响应范围为 (40±1.5)kHz 更为合适。

超声波检漏仪具有体积小、质量轻、耗电少、成本低、使用范围广、可对泄漏点精确定位等优点，只要有超声波干扰源就可以通过该仪器判断位置。其最主要的缺点是抗干扰能力差，实际在真空检漏时会发现由于火电厂现场设备较多，运行时会出现各种频率的声音，外界环境因素会严重影响检漏仪的准确性。

氦气质谱仪主要由离子源、磁分离器、吸入系统和离子收集极等部件组成。将氦气质谱仪吸入管道安装到运行真空泵排气口，检漏人员将氦气喷射到预判漏点位置，如果存在漏点，则氦气会被吸入凝汽器，最终由真空泵排气口排出。质谱仪通过吸入管将吸入氦气送到离子源电离，电离后带正电荷的锂离子被加速按环形轨道进入磁场，其半径取决于离子的荷质比。此时只有氦离子能通过过滤器到达离子收集极，并用电流来表达和测量到达的离子流。离子流通过内部数据处理显示到氦气质谱仪液晶显示界面上。

氦气质谱仪的工作气体为氦气，属于惰性气体，安全无毒且价格低廉，设备反应速度快、精度较高、通信接口丰富，检测结果可远方传送。其主要缺点是配件多、携带不便、对吸入口布置选择要求较高；而且由于氦气密度小，易扩散，所以检测结果只能确定区域，很难定点。

2. 真空检漏系统分析

凝汽器真空相关设备庞大，盲目进行检漏，不仅效率低，而且工作量大。当发现机组真空变差时，首先应根据现场情况进行系统分析，确定真空变差是由于外部漏入所致，并根据相关系统、设备运行参数的变化确定可能的泄漏点；然后在重点部位开展真空检漏工作，才能做到事半功倍。一般从以下几个系统进行分析：

（1）轴封系统。高压轴封用来防止高压蒸汽外漏造成能量损失及污染环境，低压轴封用来防止空气漏入凝汽器致使真空降低。而目前某些电厂为了防止汽轮机润滑油中进水，经常习惯性降低轴封压力运行，这就会出现低压轴封密封不牢，导致外部空气进入凝汽器影响真空。对该系统，应重点关注主机低压轴封压力与给水泵汽轮机轴封压力是否偏低、给水泵汽轮机轴封回汽手动阀门开度情况、轴封加热器液位及其 U 型管道水封注水情况等因素。

（2）真空系统。真空系统的作用是建立启动真空和维持汽轮机正常运行凝汽器真空。对该系统，应重点关注真空泵电动机电流是否异常、真空泵汽水分离器液位情况等因素。

（3）低压加热系统。低压加热系统的作用是将汽轮机内部分蒸汽抽至加热器内加热凝结水，提高水的温度，减少汽轮机排往凝汽器中的蒸汽量，降低热量损失，提高热力系统的循环效率。对该系统应重点关注低压加热器压力及其液位情况。

（4）给水泵密封水系统。给水泵密封水对给水泵起密封、润滑、冷却作用，而密封水回水会根据运行情况选择排地沟或凝汽器。对该系统，应重点关注给水泵密封水供水压力、水箱液位（U 型管道水封）情况。

（5）凝结水系统。凝结水系统的作用是收集汽轮机排汽凝结成的水和低压加热器疏水，经凝结水泵升压后经各低压加热器加热送往除氧器。此外，凝结水系统还供给其他水泵的密封水、辅助系统的补充水和低压系统的减温水。对该系统，应重点关注热井液位高度情况、凝结水泵密封水情况、凝结水过冷度。

（6）循环水系统。为汽轮机排汽提供冷源，起到冷却排汽及供给机组冷却系统冷却水，同时建立真空系统。对该系统，应重点关注循环水流量、循环水进出口压力及其端差、凝汽器钛管（铜管）脏污程度、凝汽器水室液位是否正常、虹吸井运行情况。

3. 真空检漏一般方法

在开展真空检漏前，预判凝汽器真空泄漏位置，迅速划定凝汽器泄漏范围，可减少漏真空时间，尽快恢复机组的安全稳定运行。在使用仪器检漏前，应重点关注以下因素，以判断大致的真空泄漏点：①凝汽器真空恶化前是否有重大操作或进行过事故处理。②同类型机组凝汽器真空泄漏位置的统一性。了解机组系统设备概况，对同类型机组特殊设计部分加以关注，可能会出现泄漏位置的统一性。③凝结水含氧量。了解凝结水含氧量，如果热井水侧漏入空气将严重影响凝结水含氧量，致使凝结水水质恶化。④双背压凝汽器。通过隔离方式分别对凝汽器进行真空严密性试验，真空恶化速度快侧为泄漏侧，从而迅速划定真空泄漏范围。⑤凝汽器两侧端差。通过凝汽器两侧端差，判断疏水扩容器运行情况，如果存在泄漏则端差会异常增大。⑥操作与凝汽器相连阀门开度。了解汽轮机疏水系统阀门状态，就地操作与凝汽器相连正压蒸汽管路阀门，操作后正压蒸汽充满负压侧管道，判断阀后管道是否存在漏点。

四、结论与建议

随着国家对火力发电厂节能水平的要求不断提高，汽轮机真空系统严密性这一重要指标要求也越来越严格，这就需要各方人员协同工作、共同努力，以确保汽轮机尽快恢复安全、经济的运行状态。凝汽器真空系统虽然受外界因素影响较多，泄漏点也不尽相同，但仍有规律可循，根据现场情况对泄漏点进行预判，并结合先进的检漏仪器，一般真空泄漏问题均可迅速得到解决。

第四章

汽轮机控制系统故障

[案例 23] 汽轮机的 ATT 试验失败

一、设备简介

ATT（Auto Trip Test）试验是汽轮机的自动跳闸试验，主要应用于上汽-西门子超（超）临界汽轮机组。该类型汽轮机本体通流部分由高、中、低压三部分组成，汽轮机采用全周进汽、滑压运行的调节方式，同时采用补汽阀技术，改善汽轮机的调频性能。全机设有两只高压主汽门、两只高压调节汽门、一只补汽调节阀、两只中压主汽门和两只中压调节汽门，补汽调节阀分别由相应管路从高压主汽门后引至高压某级动叶后，补汽调节阀与主、中压调节汽门一样，均由高压调节油通过伺服阀进行控制。图 4-1 所示为调节阀油动机油路图。

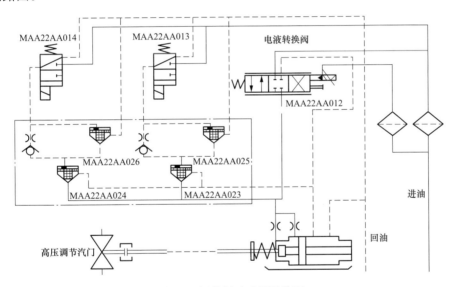

图 4-1　调节阀油动机油路图

ATT 试验的目的是检验汽轮机是否能正常跳闸、跳闸的冗余保护是否可靠，以及跳闸后主汽门能否在规定时间内关闭，一般要求每月或每四周进行一次。试验范围包括高、中压主汽门，高、中压调门、过载阀、高压排汽止回阀和高压缸通风排汽阀。

机组运行期间，按规定要对高压缸阀门组和中压缸阀门组分别进行 ATT 试验，对于每组阀门，完成一侧试验并给出试验成功的反馈后可进行另一侧的试验。以高压汽门为例，ATT 试验过程基本如下：高压缸阀门组试验时，高压调节汽门根据指令关闭，另一侧高压调节汽门打开，其开度的大小根据负荷进行控制。当被试验的高压调节汽门完全关闭后，进行主汽门活动试验及跳闸电磁阀活动试验，阀门的两个电磁阀分别动作一次，使相应的阀门活动两次。给出试验成功的反馈，主汽门试验完成。在该侧主汽门关闭的情况下，进行调门活动试验及跳闸电磁阀活动试验，阀门的两个电磁阀分别动作一次，使相应的阀门活动两次。给出试验成功的反馈，调门试验完成。完成高压调节汽门试验之后，该侧主汽门打开，在主汽门全开后，高压调节汽门开始打开，对侧高压调节汽门开始关，直到恢复到试验前的状态。

补汽阀试验，在高压主汽门/调节汽门 A 试验成功后进行。阀门组试验完成后，对高压排汽止回阀和高压缸通风排汽阀进行相同的试验，每个阀门的两个电磁阀分别动作一次，使相应的阀门活动两次。

二、故障过程

ATT 试验失败、因此而导致的在运汽轮机跳机事件国内已发生多起，以下为其中两例。

1. 故障案例 1

13:08:49，2 号主、中压调节汽门 ATT 试验的测试顺控步序结束，开始恢复顺控步序，51 步已执行，2 号中压主汽门已开启。

13:11:00，进行 52 步开启 2 号中压调节汽门，顺控发指令关跳闸电磁阀 2（该电磁阀为常开型，得电关），同时放开伺服阀阀限到 105%，伺服阀指令为 100%，此时反馈指示仍为 0%，2 号中压调节汽门没有正常开启。

13:11:33，EH 母管压力从 16.1MPa 下跌到连锁启备泵定值（小于 11.5MPa），1 号 EH 备用油泵自启，EH 母管压力上升到 14.3MPa。

13:27:54，EH 母管油压降到跳机保护动作值（小于 10.5MPa），汽轮机跳闸。

2. 故障案例 2

11:55，运行人员执行 ATT ESV/CV 的 SGC 子程序，ATT 试验开始。

12:00，A 侧高压主汽门/调节汽门试验完成。

12:01:10，SGC 执行 B 侧高压主汽门/调节汽门试验，在 B 侧高压调节汽门第二次全关时 EH 油压急剧下降。

12:01:20，EHC 油压低报警（小于 13MPa）。

12:01:33，EHC 油压至 10.86 MPa 备用泵自启动，但油压仍继续快速下。

12:01:51，汽轮机因 EH 油压低保护动作跳闸。

三、故障分析

事后分析，上述故障案例 1 的原因为：2 号中压调节汽门跳闸电磁阀 2 进行失电卸油关门动作试验后，重新得电因卡涩没有回座，EH 泄压回路仍然连通；开启伺服阀进油后，EH 母管直接泄油，EH 备用油泵自启后因电动机过载热继电器保护动作跳闸，汽轮机跳闸。故障案例 2 的原因为：高压调节汽门 B 第二次全关活动试验时，高压调节汽门 B 跳闸电磁阀 1 虽然已经带电，但电磁阀 1 实际还在开启卸油状态，当调节汽门指令至 100%，调节汽门伺服阀开启，导致 EH 油进油与回油导通，EH 油压快速下降。

这两个案例的共同点是：在调节汽门一只跳闸电磁阀实际开的情况下，汽门开度指令与反馈偏差大，导致大量 EH 油经"油泵-伺服阀-插装阀-EH 油箱"这一回路泄掉，EH 油压力快速下降到跳机值，或无法使汽门保持在开启状态。

众多实例表明，ATT 试验风险较大，不仅会造成跳机，还可能造成汽轮机单侧进汽、汽门失控等问题，严重时会导致汽轮机轴向推力突变，严重损坏汽轮机。但如前所述，ATT 试验过程包括了汽轮机的跳闸电磁阀动作试验、汽门全行程活动试验、汽门快关时间测试等内容，而这些内容是《防止电力生产事故的二十五项重点要求》所规定必须定期进行的。

实际上通过 ATT 试验，可能提早发现汽门卡涩的情况。某 660MW 汽轮机在 ATT 试验时发现中压主汽门无法关闭到位，解体发现其活塞杆镀铬层与导向套处有部分磨损及点蚀现象。由于导向套是碳钢材质，在密封损坏的情况下与活塞杆发生摩擦，造成结合处磨损，同时密封件老化，造成密封效果不良；还发现执行器内的碟形弹簧片有 3 组共计 6 片破碎，碟形弹簧片多片碎裂，导致弹力达不到设定值，从而造成 ATT 试验时中压主汽门无法关闭到位。在长时间的运行中，由于中压主汽门是垂直向下安装的，经门杆泄漏出的蒸汽顺活塞杆进入执行器腔体内凝结成水，造成执行器内部部件特别是碟形弹簧片生锈，并最终造成其碎裂。汽门卡涩严重时会导致汽轮机超速事故，造成重大设备损坏与人员伤亡，定期进行 ATT 试验，可有效防止此类的事故出现。

四、改进措施

提高 ATT 试验的可靠性，可以从以下几方面入手：

（1）提高设备与接线的可靠性。选择信誉良好的厂家的设备与安装人员；在阀门静态调试时，现场确认每一个电磁阀的接线可靠；确认调节阀的伺服阀偏置在合理范围内；通过提高其电压等级等措施，提高电磁阀动作力量，减少卡涩的概率。

（2）快速消除调门开度指令与反馈偏差。增加 ATT 试验异常判断逻辑，如可设置在 ATT 试验过程中，正在进行试验的调节汽门的伺服阀线圈电流大于某一定值、适当延时后，发出试验异常报警，同时将该调节汽门开度指令设定为 0；在 ATT 试验过程中，正在进行试验的调节汽门的开度指令比反馈大 10%，适当延时后发出试验异常报警，同时将该调节汽门开度指令设定为 0。

（3）降低 EH 油压力下降幅度与速度。确保蓄能器正常投用，适当提前启动备用 EH 油泵，在调节汽门 EH 油进口滤网后增加阻尼孔，增大 EH 油泵容量。

（4）加强人员培训与试验过程监视。在运行人员监视画面中增加 EH 油泵电动机电流信号，在 ATT 试验过程中重点监视；试验时运行与维护人员到位，确保通信联络通畅，一旦发现汽门无法启闭，则快速判断其中原因，确认为电磁阀卡涩造成 EH 油大量内泄时，应果断快速关闭相应汽门的 EH 油至试验阀组隔离门，切断其油源，确保 EH 油压力不再持续下降。

五、结论与建议

汽轮机组 ATT 试验务必按要求进行，并保证一定的试验频率，防止 EH 油沉积老化导致电磁阀卡涩。机组平时应加强 EH 油质管理，确保 EH 油质合格。建议制定专门的 ATT 试验事故预案，一旦发现电磁阀故障，应及时更换；故障电磁阀应以更换为主，避免现场清洗，尽可能缩短 EH 油系统开口时间，防止更换过程中其他意外发生；做好故障处理准备工作，尽可能缩短汽轮机单侧进汽运行时间，汽轮机单侧运行的操作与监视应严格按照运规要求进行。

一、设备简介

某 600MW 机组汽轮机型号为 N600-16.7/537/537，系上海汽轮机有限公司与美国西屋公司合作并按照美国西屋公司技术制造的亚临界、中间再热式、四缸四排汽、单轴、凝汽式汽轮机，以高压缸启动方式为主进行启动。汽轮机控制系统采用的新华 DEH-IIIA 型数字式电液调节控制系统，该系统主要采用安装在机组前轴承座上的两个超速保护控制器电磁阀（OPC 电磁阀）来完成其对汽轮机甩负荷后超速的抑制。具体过程为：机组解列瞬间，如果此时的中缸排汽压力大于 30% 额定值，则 OPC 动作 2s，高压调节阀和中压调节阀同时关闭，高压调节阀在汽轮机转速降到 3000r/min 以下时开启，中压调节阀在首次 OPC 动作后再延时 2s 后开启（上述过程被称为"甩负荷预测"，即 LDA）；如果转速超过 103% 额定转速，则 OPC 动作，转速降到 103% 额定转速以下时 OPC 恢复，如此可能反复多次，当机组转速降到额定转速后，中压调节阀全开，高压调节阀参与汽轮机转速控制，使其最终保持在额定转速。

二、故障描述

在基建调试期间，该机组按规定进行了甩负荷试验，甩 50% 额定负荷试验的录波曲线如图 4-2 所示，具体试验数据如下。

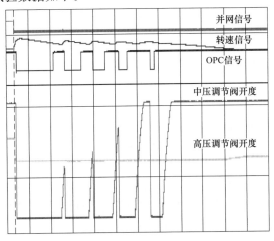

图 4-2　50% 甩负荷试验曲线

汽轮机转速变化情况为：甩负荷前转速为 3004r/min，甩负荷后 2.871s 达到最高转速 3151r/min，18.44s 后转速降到 3065r/min，然后转速上升；2.969s 后转速上升到 3112r/min，10.000s 后转速下降到 3064r/min，然后转速上升；13.510s 后转速上升到 3100r/min，8.750s 后转速下降到 3062r/min，然后转速上升；2.810s 后转速上升到 3094r/min，7.344s 后转速下降到 3061r/min，然后转速上升；6.720s 后转速上升到 3088r/min，最后汽机转速稳定在 2996r/min。

调节阀动作情况为：高压调节阀甩负荷前开度为 21.99%，甩负荷后全关，转速稳定后微开；中压调节阀甩负荷后 875ms 后全关，20.35s 后开启，开度约为 41.6%，后全关；10.94s 后重新开启，开度约为 57.3%，后全关；8.94s 后再开启，开度约为 77.90%，后全关；7.13s 后开启，保持 2.80s 后全关，5.40s 后开启，一直保持全开。

OPC 动作情况为：总共动作五次，每次动作时间为 17.30s/7.5s/5.47s/3.91s/1.88s。

旁路动作情况为：高压旁路一直保持全关，低压旁路甩负荷前开度为 5%，甩负荷后全开。

甩负荷试验计算结果为：平均上升加速度为 $a_{up} = 51.2r/s^2$；稳定时间为 173s；动态超调量为 4.894%。

由上述试验结果可知，在甩 50% 额定负荷时，该汽轮机在 2.871ms 内转速由 3004r/min 飞升到 3151r/min，动态超调量接近 5%，与同类型机组相比明显偏高。

三、故障分析

甩负荷试验是考核汽轮机调节系统动态特性的一个重要方法，是新建汽轮机组在正式投产之前所必须完成的一项重要试验。大容量汽轮机的转子时间常数较小，汽缸的容积时间常数较大，在发生甩负荷时汽轮机的转速飞升很快。如果仅靠系统的转速反馈作用，则最高转速有可能超过 110% 额定转速，从而致使汽轮机发生遮断，造成甩负荷试验失败。为此汽轮机控制系统一般均设置有一套较为完善的甩负荷超速限制逻辑，其中，LDA 功能较为常用，在实际应用时取得了令人满意的效果。但如果该功能出现异常，则将导致甩负荷后汽轮机转速飞升过高。图 4-3 所示为机组解列后汽轮机第一次转速的飞升情况示意图，对其分析后可以发现以下几个问题：

（1）从转速开始飞升到中压调节阀开始关闭，中间有 675ms 的延时，该延时明显偏长。

（2）第一次 OPC 动作明显滞后。

（3）高压调节阀从 21.8% 开度到全关，时间为 184ms，可设想如果该调节阀从全开到全关，时间将会显著大于原静态时测定的时间（110ms）。

（4）中压调节阀开始关闭时的汽轮机转速约为 3080r/min，接近 103% 额定转速，此时的 OPC 动作可能是由于转速引起的。

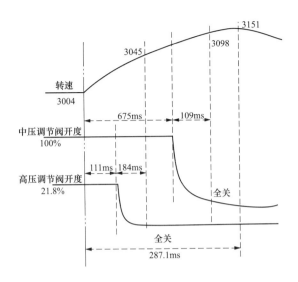

图 4-3 50％甩负荷时第一次转速飞升示意图

上述分析说明 ，在甩负荷后 LDA 功能作用，即"并网信号脱开瞬间，汽轮机各调节阀快关"这一过程并没有明显体现出来。为了查明问题的原因，在该机组解列时进行了一次模拟 50％甩负荷试验。具体做法是：模拟汽轮机中压缸排汽压力大于 30％额定压力，当机组解列时，仔细观察各监测参数，并用录波仪记录当时高压调节阀、中压调节阀、OPC、并网开关动作情况。试验结果表明，LDA 功能没有按设计要求动作。由于 LDA 功能是以硬件的方式固化在 OPC 卡件中，所以检查 OPC 卡件的工作情况。

在汽轮机停运并做好安全措施后再次在 OPC 卡件上模拟了 50％甩负荷试验，具体做法是：强制关闭中压主汽门，汽轮机挂闸，打开所有高压调节阀和中压调节阀，并模拟汽轮机中压缸排汽压力大于 30％额定压力。在 OPC 卡件上短接并网开关信号，在该信号解除时仔细观察各监测参数，并用录波仪记录当时高压调节阀、中压调节阀、OPC、并网开关的动作情况。试验结果大致如图 4-4 来所示。

图 4-4 表明，并网信号消失后，延时 13ms OPC 动作，并保持 1.98s；中压调节阀在 OPC 动作后延时 100ms 开始关闭，并用 93ms 全部关闭；高压调节阀在 OPC 动作后延时 44ms 开始关闭，并用 144ms 全部关闭。这种动作情况与设计一致，这表明固化在 OPC 卡件中的 LDA 功能能够正常工作，不存在问题。

检查电气来并网开关信号，正常；检查 DEH 柜并网开关信号的内部接线，无误；检查 DEH 柜 OPC 卡件中内部并网信号转接线，接线无误，但发现该信号一接线端子因不明原因虚接，随即将其紧固。随后，在并网信号到 DEH 柜接入处做模拟 50％甩负荷试验，试验结果与图 4-4 基本一致。

至此，故障的原因基本查明。DEH 柜 OPC 卡件中内部并网信号转接线一端子虚接，导致 OPC 卡件无法正常感知并网与解列信号，因而在甩负荷瞬间，OPC 没有按原设计动

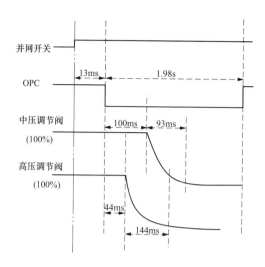

图 4-4　模拟 50％甩负荷试验示意图

作，机组转速上升到 103％额定转速时，OPC 才因感应到 103％额定转速信号而动作。因此，动作时间明显滞后，导致中压调节阀关闭滞后，大量再热蒸汽进入汽轮机中、低压缸，造成汽轮机转子第一次飞升转速偏高。至于汽轮机转子开始飞升后延时 111ms 高压调节阀开始关闭，则是 DEH 中转速控制回路作用的结果，高压调节阀关闭为通过伺服阀而没有通过卸荷阀进行。

四、处理结果

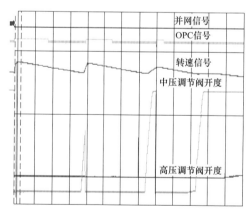

图 4-5　试验录波曲线

从以上分析结果表明，LDA 功能在该次甩负荷试验时没有按设计方式动作，功能失效。可以看出，如果 50％甩负荷试验时 LDA 功能正常发挥作用，OPC 动作正常，可以推测总体的试验结果将会好于该次试验的结果，这在该机组 100％甩负荷试验时间接得到证明。故障处理后，该机组正常进行了 100％甩负荷试验，试验的大致结果如下：机组解列后 16ms LDA 功能动作，解列后 2.406s 汽轮机转速达到最高值 3158r/min，随后 OPC 连续动作两次，汽轮机在 203s 后稳定在 2996r/min。动态超调量为 5.23％，试验取得了成功。该次试验的录波曲线如图 4-5 所示。

五、结论与建议

甩负荷预测（LDA）功能的前瞻性能够有效地弥补 OPC 动作的滞后性。LDA 功能失效会延长甩负荷后汽轮机转速第一次飞升时间，增加转速飞升幅度，可能会导致汽轮机动态超调量超过规定值，导致试验失败。在甩负荷后汽轮机转速飞升过程中，转速控制回路能够对转速飞升的抑制起到一定辅助作用，作用的大小与调节阀伺服阀的大小与响应时间有重要关系。LDA 功能会减小高、中压调节阀关闭响应的时间，在它们再次开启之前这段时间内低压缸旁路能够泄去部分再热蒸汽，从而减少 OPC 的动作次数，使得汽轮机组甩负荷后的快速进入稳定状态。

[案例 25] **660MW 机组甩负荷试验时转速飞升过高**

一、设备简介

甩负荷试验是检验火力发电机组调节系统动态特性的重要试验，其主要目的是检查汽轮机数字电液调节（DEH）系统在甩负荷瞬间对汽轮机转速的控制能力。目前国内汽轮机甩负荷时防止超速的功能主要有三种形式，即甩负荷预测（load drop anticiPation，LDA）功能、功率-负荷不平衡（power-load imbalance，PLU）功能，以及负荷瞬时中断控制（KU）或长甩负荷（LAW）功能。实际应用时，根据汽轮机的结构特点，在上述三种形式中选择一种即可，但无论哪一种形式，汽轮机调节阀快速关闭都是至关重要的一环。

某上汽-西门子 660MW 超超临界汽轮机为单轴、四缸四排汽、八级回热抽汽、凝汽式，汽轮机入口参数为 28MPa(a)/600℃/620℃，采用 40％容量高低压串联旁路，DEH 系统采用艾默生公司的 OVATION 控制系统，通过计算机、电液转换机构、高压抗燃油系统和油动机控制汽轮机阀门的开度，实现对汽轮发电机组转速和负荷的控制。

该机组甩负荷后防超速功能采用 KU 与 LAW 功能，原设计具体逻辑可作如下描述：

（1）当前负荷为较高负荷（如 90％额定负荷）时，如果突然出现负荷干扰大于负荷跳变限值 GPLSP（约 70％额定负荷）。

（2）当前负荷为较低负荷（如 60％额定负荷）时，则下列条件应同时满足：

1）实际负荷小于 2 倍厂用电。

2）负荷控制偏差大于 2 倍厂用电。

3）实际负荷大于负荷负向限值。

KU 信号使转速/负荷控制器有效设定值失效，使控制器输出为零并暂时关闭阀门，如果在甩负荷识别时间（TLAW）内，上述两种情况未消失，则系统发出甩负荷信号（LAW）。汽轮机的甩负荷控制逻辑如图 4-6 所示（以高压调节阀 1 为例，图中 $X/Y/Z$ 表示逻辑控制器所在站/区/页）。从图 4-6 可知触发高压调节阀 1 快关指令的是高压调节阀 1 阀位的控制偏差大于 40％，而这个偏差是由高压调节阀 1 进汽流量设定值（OSFD1）和根据高压调节阀 1 阀位实际值反向折算的进汽流量值（HFD1）两者比较生成的。

二、故障描述

该机组按规定进行甩 50％额定负荷试验，过程如下：试验前主汽温度为 495℃，主汽

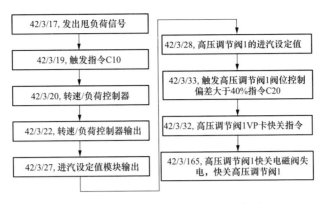

图 4-6 高压调节阀 1 快关逻辑示意图

压力为 16.53MPa，再热蒸汽温度为 503℃，再热蒸汽压力为 2.343MPa。甩负荷倒计时10s；5s 各停 1 台磨煤机，"甩" 口令发出，断开发电机并网开关；以此时为计时点，27ms 转速开始飞升，2.388s 达到瞬时最高转速 3126r/min，26.37s 转速首次回到 3000r/min，35.17s 转速达到最低 2957r/min，48.17s 转速开始稳定在 3000r/min；55ms 高压调节阀 1（CV1）、高压调节阀 2（CV2）分别从 33% 和 35% 开度开始关，3.597s 后全关，32.42s CV1/CV2 开始打开，40.52s 分别开到 5.2% 和 4.3%；97ms 中压调节阀 1（IV1）、中压调节阀 2（IV2）同时从 100% 开度往下关，507ms 全关。上述过程曲线如图 4-7 所示，试验所用高速数据采集仪采样频率为 1000 次/s。

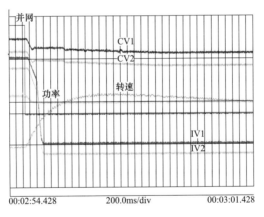

图 4-7 50% 甩负荷试验曲线

甩负荷试验导则规定，凝汽式汽轮机甩 50% 负荷后，若瞬时最高转速超过 105% 额定转速，则应中断试验，查明原因。该次试验中瞬时最高转速达到 3126r/min，虽然没有超出 3150r/min，但与同类型机组相比，该次甩 50% 负荷试验瞬时最高转速明显偏高，具体如表 4-1 所示。另外参照 DL/T 711—1999《汽轮机调节控制系统试验导则》所述方法，根据 50% 甩负荷过程数据，取蒸汽容积时间常数为 0.2s，转子飞升时间常数为 8s，按照甩负荷后调节阀关闭延时 0.1s、净关闭时间 0.4s 估算，该机组 50% 甩负荷最高转速应为

3094r/min，比实际试验结果低。

表 4-1   同类型机组甩 50%负荷试验数据

机组	型号	主汽压力（MPa）	再热器压力（MPa）	最高转速（r/min）
沧电二期 4 号机组	CLN660-24.2/566/566	11.9	2.1	3079
望亭发电厂改建工程	N660-25/600/600	—	—	3102
吕四港发电厂一期	CCLN660-25/600/600	15.27	2.0	3077
淮浙煤电凤台电厂	N660-27/600/600	—	—	3098

三、故障分析

甩负荷后汽轮机转速的飞升程度取决于以下几个方面：①甩负荷信息判断是否准确。②DEH 控制器的响应速度。③调节阀关闭的速度。④汽轮发电机组的转动惯量。当然，如果转速飞升达到了超速保护动作值，最终超速的严重程度还取决于主汽阀的关闭速度和汽门严密性。

图 4-8 所示为该类型机组典型的甩负荷曲线。与图 4-7 比较可以发现，图 4-7 中汽轮机甩 50%负荷后，高压调节阀只有调节关小的过程，而没有快速关闭的过程，由此可初步判断 CV1/CV2 没有快关动作，只有调节关动作是导致该次甩 50%负荷试验转子瞬时最高转速偏高的直接原因。

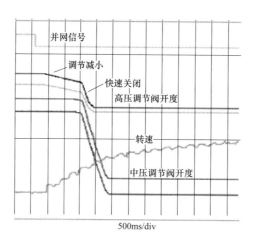

图 4-8   典型的负荷试验曲线

通过查看试验过程曲线与 DEH 控制逻辑，发现高压调节阀快关电磁阀在甩负荷后并没有接收到快关指令，原因是在 42/3/33 逻辑页中触发 C20，从而触发高压调节阀快关指令的"高压调节阀阀位控制偏差大于 40%"逻辑条件没有满足。对比同类型机组，该定值一般取 20%～25%，即触发 C20 的逻辑为"高压调节阀阀位控制偏差大于 20%～25%"，根据实际数据折算，将定值改为 25%后，50%甩负荷试验时 C20 会触发，由此可确保甩负荷后高压调节阀快关动作。

由图 4-7 分析可知，甩负荷试验过程中虽然 DEH 系统没有触发 C20 指令，但是从 42/3/28 出来的高压调节阀的进汽设定值发往位于 42/3/33 的高压调节阀阀位控制器，进行调节关，控制逻辑如图 4-9 所示。

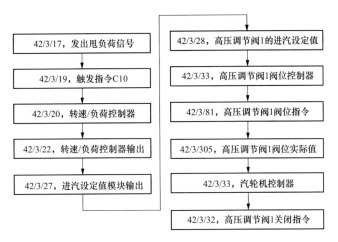

图 4-9 高压调节阀 1 调节关逻辑示意图

可以看到，两个高压调节阀分别从 33% 和 35% 的开度调节关到全关，需 3.542s；将逻辑修改为"高压调节阀阀位控制偏差大于 25%"后，进行 100% 甩负荷试验，两个高压调节阀分别从 66.3% 和 67.0% 开度快关，只需 297ms，中间相差 3.245s。如果 100% 甩负荷试验时 DEH 控制逻辑仍为"高压调节阀阀位控制偏差大于 40%"，试验过程中高压调节阀没有快关，此时两个高压调节阀开度比甩 50% 负荷时大近一倍，调节关需要更多的时间，瞬时最高转速极有可能超过 3300r/min，引发超速保护动作。

四、故障处理

将原 C20 触发逻辑修改为"高压调节阀阀位控制偏差大于 25%"逻辑后，进行 100% 甩负荷试验，汽轮机最高转速为 3191r/min，过程曲线如图 4-10 所示，与同类型机组基本一致。

需要说明的是，甩负荷试验前，该机组由于锅炉水冷壁温度出现高报警点，试验时主蒸汽参数偏低、调节阀开度比正常时偏大，高压调节阀关小过程比同类型机组长，这会使甩负荷后的转速飞升略偏大。

从之前的讨论可知，C20 触发调节阀快关逻辑中的定值选取十分关键，直接影响到甩负荷后汽轮机的转速飞升，该值取为 25%，被诸多机组的甩负荷试验结果证明是可靠的。在实际生产中，为了解决调节阀线性位移变送器（简称"LVDT"）跳变造成的调节阀快关问题，有的电厂对该定值进行放大，并分析后认为，如此并不影响流量偏差大时的调节

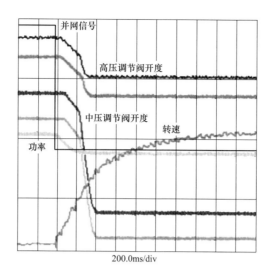

图 4-10   100％甩负荷试验曲线

阀快关保护功能是值得商榷的。

造成高压调节阀阀位控制偏差大的原因有两种，一种是反馈突增，另一种是指令锐减。LVDT 故障时的情况属于前一种情况，而甩负荷工况属于后一种情况。实际上，即使只对第一种情况，准确选取高压调节阀阀位控制偏差定值也是有难度的。原因是负荷、主蒸汽压力和高压调节阀开度三者之间存在依存关系，即使在同一负荷下，主蒸汽压力不同时，高压调节阀的开度也差别较大。根据一种负荷与主蒸汽压力确定出来的调节阀开度，以及由此得到的高压调节阀阀位控制偏差定值是无法适应所有工况条件的。比如当运行主蒸汽压力增大时，之前所设定的值就会偏小，也就不能防止 LVDT 故障时的调节阀快关。

甩负荷工况发生时，高压调节阀的流量指令会锐减，此时高压调节阀阀位控制偏差定值偏大时，高压调节阀同样不会快关。此时该定值的选取也有一定难度，基于以上相同理由，并考虑到甩负荷发生后，高压调节阀会有调节关的动作，不能根据某一个工况下高压调节阀在甩负荷之前瞬间开度来确定该定值。因此，对该定值的修改要慎重。

五、结论与建议

高压调节阀阀位控制偏差定值设定失当是造成该机组 50％甩负荷后转速飞升过高的根本原因。高压调节阀阀位控制偏差定值的选取直接影响到甩负荷后汽轮机转速的飞升，对该定值的修改应格外慎重，如有可能应得到相关设备供应商的首肯，并通过试验验证。近年来，部分机组在 DEH 系统改造后，在甩负荷防超速功能相关关键定值的选取上存在一定随意性，给安全生产带来隐患，应引起足够重视。

600MW 亚临界汽轮机配汽函数优化

一、设备简介

某机组汽轮机为 600MW 亚临界、中间再热、单轴、凝汽式汽轮机，型号为 N600-16.7/538/538。汽轮机控制系统采用南京西门子电站自动化有限公司的软、硬件平台和上海汽轮机有限公司的逻辑和画面组态。汽轮机本体通流部分由一个高压缸、一个中压缸和两个双流双排汽低压缸组成。汽轮机汽门包括左右两只高压主汽门（TV1 和 TV2）、四只高压调节汽门（GV1～GV4）、左右两只中压主汽门（RSV1 和 RSV2）和四只中压调节汽门（IV1～IV4），顺序阀方式下高压调节汽门开启先后顺序为 GV1&GV4-GV2-GV3。该机组已经投入顺序阀方式，并能实现顺序阀方式与单阀方式的正常切换。

该汽轮机对其调节汽门的管理是通过汽门管理逻辑来实现的，在这些逻辑中，存在一定数量的函数关系，这些函数一般被称为汽轮机的配汽函数，其主要功能就是将汽轮机接收到的蒸汽流量指令依据函数设置要求分配到各个调节汽门。

二、故障描述

该机组在运行中发现，在 400MW 负荷左右进行配汽方式切换时，负荷波动高达 70MW，主要参数波动严重；汽轮机在阀点附近常出现高压调节汽门开度大幅度晃动、负荷也晃动的现象，尤其是一次调频信号动作时，波动情况尤为严重，威胁到机组的安全运行。

图 4-11 所示为该汽轮机在三阀点处负荷、高压调节汽门开度、主汽压力等参数的运行曲线。

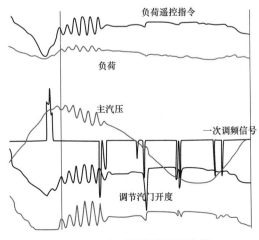

图 4-11　主要参数的运行曲线

从图 4-11 可以看出，该机组在此处运行状态不稳定，负荷指令与反馈、高压调节汽门开度、主蒸汽压力都出现较大幅度的振荡现象。图 4-12 所示为该汽轮机的原配汽曲线。从图 4-12 可以明显看出，该原配汽曲线在两阀点与三阀点处均存在不平滑部分，GV2 在小开度下还存在开度回调情况，这些缺陷的存在均会导致顺序阀方式下汽门出现大幅度晃动现象，需要进行优化。

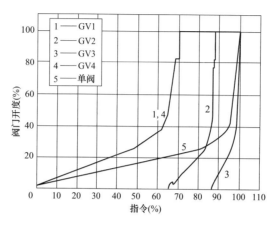

图 4-12　汽轮机的原配汽曲线

三、故障分析

汽轮机的配汽函数理论上应该是其流量特性的数值表征，一般由汽轮机生产厂家给出。在此基础上生成的配汽曲线理论上应该与汽轮机流量特性完全一致，但实际上由于设备安装误差、运行老化等原因常出现两者偏差较大的情况，这就可能会造成汽轮机配汽方式切换时负荷波动大、一次调频能力差、机组协调响应能力差等情况，有时甚至会造成电力系统振荡事故，类似的故障较为常见。

该汽轮机配汽函数的构成关系如图 4-13 所示。这种构成方式的特点是各转化环节物理意义明确，只要分别确定每一个环节的转化函数并串联起来，就可以最终将接收到的流量指令合理分配到每个汽门。一般认为，图 4-13 中的 X288 是背压修正函数，X311KB/X351KB/X391KB/X431KB 是流量指令偏置因子，X313/X353/X393/X433 为顺序阀修正函数，X314/X354/X394/X434 是单阀修正函数，X345/X385/X425/X465 是汽门流量特性函数。

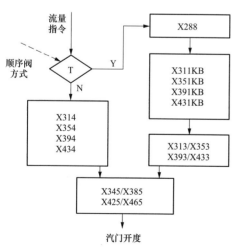

图 4-13　配汽函数的构成

对该汽轮机进行流量特性试验，试验在顺

序阀与单阀方式下分别进行，主蒸汽流量用标幺值表征，比较的基准所要求的机组状态就是额定负荷、所有调节阀全开，式（4-1）是主蒸汽流量的计算公式，即

$$\frac{G}{G_0} = \frac{p_e}{p_{e0}}\sqrt{\frac{T_{e0}}{T_e}} \qquad (4\text{-}1)$$

式中：G 为主蒸汽流量；p_e 为调节级压力；T_e 为调节级温度。

下标"0"用来表示上述基准状态下的相应参数的值。

对原配汽曲线下的试验数据进行处理，按式（4-1）进行主蒸汽流量计算，形成流量指令与实际负荷的对应关系图。可以看出，按原配汽函数运行，流量指令与实际负荷存在较大偏差，单阀与顺序阀两种方式之间的偏差也较大。根据实际试验结果按式（4-1）进行修正后，流量指令与实际负荷偏差较小，线性良好，见图 4-14。图 4-15 所示为根据流量特性试验结果形成的汽门开度与流量指令的实际对应关系图。

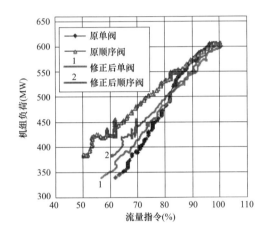

图 4-14　修正前后的负荷与指令关系

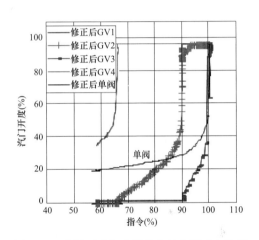

图 4-15　汽门开度与流量指令的实际对应关系

图 4-16 所示为原配汽曲线与实际试验结果的对比。从该曲线可以看出，无论是单阀方式还是顺序阀方式，原配汽曲线与汽轮机实际流量特性曲线均存在一定的偏差，这无疑会恶化机组的控制特性，因此需要根据实际流量特性重新计算机组的配汽函数，形成新的配汽曲线。

四、故障处理

根据该机组的流量特性试验结果，对图 4-13 中的配汽函数逐一进行计算，结果如表 4-2 和表 4-3 所示。根据表 4-2 和表 4-3 中的配汽函数对其进行仿真计算，得到该汽轮机新的配汽曲线，如图 4-17 所示。该配汽曲线根据试验结果合理设定了阀点处汽门之间的重叠度，并充分考虑到一次调频等小扰动情况对正常运行的影响，兼顾安全性与控制性能，尽可能减少了汽门晃动。

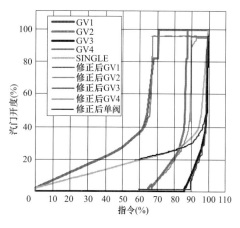

图 4-16　原配汽曲线与实际试验结果的对比

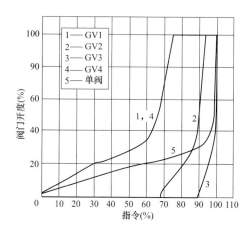

图 4-17　新配汽曲线

表 4-2　　　　　　　　　　　　　　　　新的配汽函数表（一）

X288		X314/X354 X394/X434		X345/X385 X425/X465	
X	Y	X	Y	X	Y
0	0	0	0	0	0
67.59	67.59	67.59	50	0.74	2
81.3	85.8	81.3	63.48	39.21	19
84.61	92.6	84.61	68.51	62.2	25.7
89.6	101.4	89.6	75	77.43	30.5
95.71	118.1	95.71	87.37	90.66	41
97.48	124.2	97.48	91.88	95.17	50
100	135.2	100	100	100	100

表 4-3　　　　　　　　　　　　　　　　新的配汽函数表（二）

X313		X353		X393		X433	
X	Y	X	Y	X	Y	X	Y
−600	0	−600	0	−600	0	−600	0
0	0	0	0	0	0	0	0
88.96	82.9	72	60	99.3	100	88.96	82.9
97.6	95	96	87	100	100	97.6	95
101.4	96.1	100.2	95.2	800	100	101.4	96.1
114.45	100	130	100	—	—	114.5	100
800	100	800	100	—	—	800	100
X311KB		X351KB		X391KB		X431KB	
K＝1.4769		K＝2.9538		K＝2.9538		K＝1.4769	
B＝0		B＝−200		B＝−300		B＝0	

在图 4-17 所示新的配汽曲线投用后，对该机组进行了配汽方式切换试验和负荷变动试验，表 4-4 所示为在 400MW 负荷附近进行配汽方式切换时的过程数据，切换时间为 4min。

表 4-4 配汽方式切换过程数据

项目	负荷	GV1 开度	GV2 开度	GV3 开度	GV4 开度	主汽压力
单位	MW	%	%	%	%	MPa
顺序阀切换为单阀	400.9	64.8	2.9	2.4	64.5	14.8
	395.1	32	11.2	11.1	31.9	14.4
	400	28.9	16.8	16.3	29	14.2
	394.9	26.6	18.4	18.1	26.3	14.2
	393.7	23.5	22.1	21.7	22.9	14.1
单阀切换为顺序阀	397.1	23.3	22.4	22.2	23.5	13.9
	394.9	28.1	18.4	17.8	27.9	13.8
	394.4	33.5	12.4	12.2	33.2	13.8
	391.3	36.4	9.8	9.6	36	13.9
	385.9	62	3.3	2.1	62.1	14

从表 4-4 可以看出，在 400MW 负荷点，顺序阀方式切换为单阀方式，最大负荷波动约为 7MW，单阀方式切换为顺序阀方式，最大负荷波动约为 11MW，负荷波动均较小，配汽方式切换过程中机组稳定性好。其他负荷点的试验也有类似结果。配汽函数优化后，顺序阀方式下流量指令与机组负荷的线性关系也明显好于优化前。另外据长期观察，配汽函数优化后，原顺序阀方式下阀点处阀门晃动现象消失，负荷波动情况再没有出现，一次调频能力也得到有效保证，该机组运行安全性明显提高。

五、结论与建议

大型汽轮机的配汽函数对其控制特性有显著的影响，准确把握其构成结构，精确确定各组成函数是实现汽轮机精确控制的关键。对该亚临界 600MW 机组而言，由试验结果可见，原配汽曲线与汽轮机实际流量的特性有一定偏差，根据试验结果计算得到新的汽轮机配汽函数，由此形成的新配汽曲线与实际流量特性吻合较好。在新的配汽曲线下，汽门无晃动，配汽方式切换时机组负荷波动小，流量指令与实际负荷的线性度得到提高，机组更易于控制，配汽函数优化工作起到显著的作用。

[案例 27] 通过改变阀序解决汽轮机配汽方式
切换时参数异常问题

一、设备简介

某电厂汽轮机为 600MW、亚临界、中间再热、单轴、四缸、四排汽凝汽式汽轮机，型号为 N600-16.7/538/538。汽轮机轴系由高压转子、中压转子、低压转子 A、低压转子 B、发电机转子、集电环转子组成。转子之间为刚性连接，发电机与集电环的转子为三支撑结构，其他转子为双支撑结构，其中 1～5 号轴承采用稳定性较好的可倾轴承，6～10 号轴承为圆筒轴承，如图 4-18 所示。高压缸进汽有主汽门 TV1、TV2 和四只高压调节汽门 GV1～GV4 构成，如图 4-19 所示，汽轮机原设计顺序阀阀序为 GV3/4-GV1-GV2。

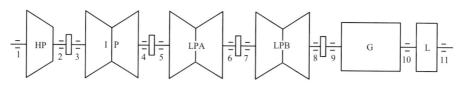

图 4-18　机组轴系图

二、故障过程

按原设计顺序阀阀序，由单阀进汽切换至顺序阀进汽后，汽轮机 1、2 号轴承的温度与振动逐渐升高；为确保机组安全运行，汽轮机进汽方式重新切换至单阀进汽，1 号轴承、2 号轴承的温度、振动趋于正常；表 4-5 和表 4-6 所示为上述过程的详细数据，1、2 号轴承的温度测点布置见图 4-20。

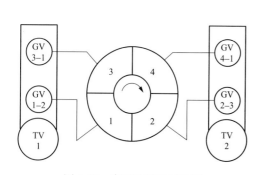

图 4-19　高压缸进汽示意图

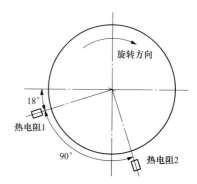

图 4-20　热电偶安装布置图

表 4-5   进汽方式切换后 1、2 号轴承的振动的变化

数据 序号	阀门开度（%）		1号轴承（μm）		2号轴承（μm）		负荷 (MW)
	高压调节汽门1	高压调节汽门2	X	Y	X	Y	
1	27.0	27.0	56.6	56.9	66.7	75.7	557
2	26.0	10.2	65.5	57.3	74.5	71.8	552
3	22.5	0	79.2	52.8	109.7	115	557
4	20.54	0	86.05	65.1	97.3	85.7	555
5	23.32	1.8	78.1	59.0	96.1	81.1	558
6	25.7	10.0	74.1	63.9	87.9	82.9	554
7	28.1	20.1	65.3	64.9	80.6	81.5	555
8	28.5	28.5	58.6	57.8	70.6	62.2	555

表 4-6   进汽方式切换后 1、2 号轴承的温度的变化

数据 序号	阀门开度（%）		1号轴承温（℃）		2号轴承温（℃）		负荷 (MW)
	高压调节汽门1	高压调节汽门2	第1点	第2点	第1点	第2点	
1	27.0	27.0	73.1	78.6	61.8	57.2	557
2	26.0	10.2	81.6	67.9	57.8	61.1	552
3	22.5	0	86.9	63.5	55.4	66.8	557
4	20.54	0	92.2	60.2	52.8	79.5	555
5	23.32	1.8	94.3	57.3	50.9	83.5	558
6	25.7	10.0	94.0	57.4	50.7	80.6	554
7	28.1	20.1	89.2	59.5	51.1	74.9	555
8	28.5	28.5	72.9	77.8	61.2	57.6	555

很显然，在进汽方式切换的过程中，1、2 号轴承的 X、Y 振动逐渐增大，最大到 $115\mu m$；随后在恢复的过程中，1、2 号轴承的 X、Y 振动逐渐减小。随着配汽方式切换的进行，1 号轴承的第 1 点温度、2 号轴承第 2 点温度逐渐增大；1 号轴承的第 2 点温度、2 号轴承的第 1 点温度逐渐增减小；随后在恢复的过程中，1 号轴承第 1 点温度、2 号轴承第 2 点温度逐渐减小；1 号轴承第 2 点温度、2 号轴承第 1 点温度逐渐增增大，恢复后达到正常值。

三、故障分析

高压缸的进汽口布置如图 4-21 所示（从汽轮机向发电机方向看），进汽口 1、2、3、4 号分别与 GV1～GV4 相连。在正常情况下，汽轮机叶片的受力与冲动该部分叶片的蒸汽流量成正比，而蒸汽流量与 GV 阀位成正比，所以高压调节汽门开度越大，叶片受力越大。假设向下及向右方向受力为正，高压转子受力分析如图 4-21 所示。

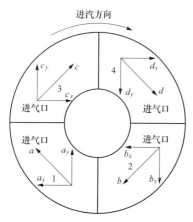

图 4-21 高压转子气流受力分析简图

图 4-21 中 a、b、c、d 为高压缸进汽口 1、2、3、4 对应的叶片受力，a_x、a_y、b_x、b_y、c_x、c_y、d_x、d_y 为沿竖直与水平方向的受力分解。转子所受汽流力分析计算式为

$$\begin{cases} F_{qx} = d_x + c_x - b_x - a_x \\ F_{qy} = d_y - c_y + b_y - a_y \end{cases}$$

在单阀方式控制进汽时，GV1～GV4 四阀开度相同，机组高压缸各进气口所受的气流力大致相等，$d_x \approx c_x \approx b_x \approx a_x$，$d_y \approx c_y \approx b_y \approx a_y$，因此 $F_{qx} \approx 0$，$F_{qy} \approx 0$，转子几乎不受汽流力的作用，转子在轴承支撑力与重力的作用下保持平衡。

若顺序阀阀序为 3/4-1-2，上述切换时，汽轮机 GV3、GV4 两阀处于全开状态，GV1 阀有一定的开度，GV2 阀处于全关状态，机组高压缸所受的气流力中 $d_x \approx c_x$，$d_y \approx c_y$，$b_x = b_y \approx 0$。

因此 $F_{qx} > 0$，$F_{qy} < 0$，则转子受到水平向右与垂直向上的气流力，转子向右上方浮动。

2 号轴承处的转子与轴承之间的间隙增大，油膜厚度增厚，油膜刚度减小，在同样大小激振力的作用下，2 号轴承轴振逐渐升高；受该力的影响，1 号轴承处的轴振也有所升高，但没有 2 号轴承处那么明显。

2 号轴承处热电偶 1 处，轴与轴承之间的间隙增大，此处的轴承承力减小，轴承温度有所降低；2 号轴承处热电偶 2 处，轴与轴承之间的间隙减小，该处的轴承承力增大，轴承温度逐渐升高。而在 1 号轴承处，即高压缸的出口处，气流力是平衡的；但在 1 号轴承处，在靠近 2 号轴承处气流力的作用下，产生了一个相反的力，使得 1 号轴承处热电偶 1 处，轴与轴承之间的间隙减小，该处的轴承承力增大，轴承温升高；1 号轴承处热电偶 2 处，轴与轴承之间的间隙增大，该处的轴承承力减小，轴承温度逐渐降低。在进汽方式初次切换时，采用了 GV3/4-GV1-GV2 的切换方式，1、2 号轴承振动逐渐增大，轴承温度逐渐升高，判断是该原因所致。

若顺序阀阀序为 GV3/4-GV2-GV1，上述负荷下进行切换，GV3、GV4 两阀会同时全开，GV2 阀有一定的开度，而 GV1 阀处于全关状态，转子所受的气流力中，$d_x \approx c_x$，$d_y \approx c_y$，$a_x = a_y \approx 0$。此时，$F_{qx} < 0$，$F_{qy} > 0$，则转子受到水平向左与垂直向下的气流力，2 号轴承处的转子与轴承之间的间隙减小，油膜厚度逐渐减小，油膜刚度增大，油膜力增大，与气流力相平衡，1、2 号转子稳定性会增加，振动值可能会降低。由于 $F_{qx} < 0$，$F_{qy} > 0$，2 号轴承处的受力增大，此时配汽方式由单阀切为顺序阀，2 号轴承的轴承温度可能相对升高。

四、改进措施

基于上述分析，将汽轮机顺序阀阀序修改为 GV3/4-GV2-GV1，在配汽方式阀切换中，尽量减小不稳定因素的干扰。先降低主蒸汽压力，负荷尽量高，在四个高压调节汽门全开的状态下进行切换。切换完成后，再提高主蒸汽压力，四个高压调节汽门按既定的阀序动作，即 GV1 逐渐全关，GV2 关到某一开度，而 GV3/GV4 保持全开。上述过程中，1、2 号的振动与温度变化数据见表 4-7 和表 4-8。

表 4-7 改进后 1、2 号轴承的振动的变化

| 序号 | 阀门开度（%） | | 1 号轴承（μm） | | 2 号轴承（μm） | | 负荷 |
	高压调节汽门 1	高压调节汽门 2	X	Y	X	Y	(MW)
1	37.4	37.4	55.6	68.8	59.5	78.5	600
2	25.9	45.7	57.5	72.6	56.2	79.3	600
3	21.0	75.0	51.8	64.7	53.0	74.1	600
4	17.0	100	53.0	66.5	54.7	75.6	599
5	10.4	100	53.5	67.0	53.9	77.1	596
6	5.1	100	53.8	69.7	54.6	78.0	593
7	3.4	70	53.5	70	53.3	76.2	589
8	1.8	50.2	55.9	74.0	56.8	80.6	586
9	0	39.6	52.9	68.4	52.3	74.2	581

表 4-8 改进后 1、2 号轴承的温度的变化

| 序号 | 阀门开度（%） | | 1 号轴承温度（℃） | | 2 号轴承温度（℃） | | 负荷 |
	高压调节汽门 1	高压调节汽门 2	1 号测点	2 号测点	1 号测点	2 号测点	(MW)
1	37.4	37.4	70.6	79.4	62.2	55.3	600
2	25.9	45.7	72.8	80.0	63.0	56.4	600
3	21.0	75.0	75.8	82.2	65.2	58.1	600
4	17.0	100	80.8	86.8	73.9	62.7	599
5	10.4	100	82.1	88.0	75.8	64.3	596
6	5.1	100	82.0	89.0	76.6	64.5	593
7	3.4	70	82.0	89.1	77.4	64.3	589
8	1.8	50.2	82.0	89.0	77.4	64.3	586
9	0	39.6	83.4	87.2	76.1	65.1	581

从以上数据可以看出，1、2 号轴承的轴振在切换过程中有小幅上升，但切换后又有所降低，并趋于稳定。切换后一段时间后，1、2 号轴承的温度有所上升；但 1 号轴承最终稳定在 85℃左右，2 号轴承最终稳定在 70℃左右，可以满足安全稳定运行的要求。

五、结论与建议

与单阀运行相比，大型汽轮机顺序阀方式运行，可以大幅度提高经济性。但由于存在部分进汽的问题，顺序阀方式下汽轮机常出现轴承温度与振动偏大的问题，此时通过改变阀门开启顺序或对轴系进行微调，均可以调整蒸汽对转子的作用力，进而改变了相邻轴承的载荷，改变轴承的振动特性，确保顺序阀方式下机组运行的安全性。

[案例 28] **600MW 亚临界汽轮机顺序阀配汽方式改造**

一、设备简介

　　某机组汽轮机为 600MW 亚临界、中间再热式、高中压合缸、三缸四排汽、单轴、凝汽式汽轮机，机组型号为 N600-16.7/538/538-1。该机组由东方汽轮机厂按日本日立公司提供的技术制造。汽轮机进汽采用喷嘴调节，共有 4 组高压缸进汽喷嘴，由 4 个调节阀（CV）控制。来自锅炉的新蒸汽首先通过 2 个高压主汽阀（MSV），然后流入调节阀。这些蒸汽分别通过 4 根导管将汽缸上半部和下半部的进汽套管与喷嘴室连接。4 只高压调节阀共用一个调节阀室，中间互联互通，从机头向发电机侧看，每个调节阀相对应的喷嘴组布置方式如图 4-22 所示。

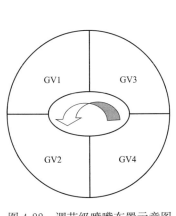

图 4-22　调节级喷嘴布置示意图

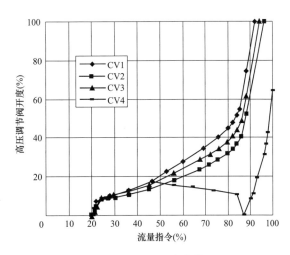

图 4-23　原配汽曲线

　　汽轮机控制系统采用东方汽轮机厂配套的 HIACS-5000M 高压纯电调控制系统，配汽曲线如图 4-23 所示。在流量指令较小时，4 只调节阀同时开启，随着流量指令的增加，CV1～CV3 开度增加，但 CV4 开度减小，流量指令再增加时，CV4 再次开启；汽轮机在流量指令 86% 左右滑压运行。

二、故障过程

　　目前，国产汽轮机大都有两种配汽方式，即单阀配汽与顺序阀配汽。众多机组实践表明，在大部分负荷范围内，由于节流损失的减小，顺序阀方式运行经济性明显优于单阀方式。在单阀配汽方式与顺序阀配汽方式之间，还有一种方式称为混合配汽。在混合配汽方式下，低负荷时各汽轮机调节阀同时参与调节，升到某一控制点时部分调节阀关闭，在该控制点之上时，关闭的调节阀再次顺序开启，参与机组的配汽调节。这种配汽方式在东汽600MW超临界和亚临界汽轮机上均广泛应用。混合配汽方式兼顾了单阀配汽的安全性与顺序阀配汽的经济性，适用于带基本负荷的机组，机组调峰运行时会产生很大的节流损失；另外，混合配汽方式只能在单一阀点下滑压运行，目前只能采用三阀点滑压方式，使得主蒸汽压力明显偏低，严重影响到了机组的动态调频性能。上述两个问题，已严重制约着该机组运行的经济性与负荷响应能力，在国内600MW火电机组普遍参与调峰运行的大环境下，与同容量等级的汽轮机组相比，该机组竞争能力明显偏弱。因此，有必要对这种配汽方式进行改造。

三、 故障分析

东汽600MW系列汽轮机配汽方式优化的主要途径是将其混合配汽方式改造成顺序阀配汽方式。实现的途径有两种：一种是直接修改原配汽曲线，低负荷时，4个调节阀同时开启，随后2只调节阀逐渐关小，负荷再增加时，这2只调节阀再依次开启，这种配汽方式本质上仍为混合配汽，但可实现两阀滑压运行；另一种是保留原混合配汽方式，另外增加一套顺序阀配汽方式，汽轮机可在两种配汽方式之间在线切换。第二种方式更为灵活，也不需要额外增加设备投资，机组启动及汽门活动试验仍可在原混合配汽方式下进行，对运行影响较小。比较分析后，决定采用第二种方式进行优化。

该机组汽轮机原设计为混合配汽，相同负荷下，三阀滑压运行时调节阀前压力相对较低，调节级前后压差较小，改为顺序阀方式后，会出现2只调节阀全开、另2只调节阀接近全关的运行工况。如采用两阀滑压，汽轮机会长时间处于该阀位运行，相对三阀滑压运行，此时调节阀前压力相对较高，调节级前后压差变大，这是否会给汽轮机的安全运行带来威胁需要论证确认。东方汽轮机厂对喷嘴组强度校核计算结果表明：主蒸汽压力为额定值时喷嘴组强度可满足CV2和CV4两阀全开，以及CV1、CV3两阀全关工况的需要。

顺序阀方式下，汽轮机调节阀开启的次序对汽轮机运行的安全性有显著影响，突出表现在对汽轮机轴系的影响上。很多实例表明，不少汽轮机在顺序阀方式下，常会出现诸如轴承金属温度高、轴振动大等现象，严重时会威胁机组的稳定运行。解决这一问题，关键是找出一个合适的顺序阀阀序，使得机组在这种阀序运行时，汽轮机轴承温度与振动的数值均在允许的范围内。为此，对该汽轮机进行了阀门关闭试验。

试验时机组负荷维持在400MW左右，机组协调投入，DEH侧与DCS侧一次调频回路均撤出，汽轮机处于原混合配汽运行方式。试验时先关CV1，再关CV3，恢复时先开CV3，再开CV1，主要试验数据见表4-9。可见，试验过程中，汽轮机各轴承温度与振动值没有发生超限变化，从顺序阀开启次序上看，CV2&CV4-CV3-CV1能满足机组安全运行的需要。

表 4-9　　　　　　　　　　　　　　　　阀门关闭试验结果

项目	单位	数　　值			
负荷	MW	401	394	399	403
CV1 开度	%	47	0	0	0
CV2 开度	%	31	98	100	100
CV3 开度	%	39	39	20	0
CV4 开度	%	11	32	48	58
主汽压力	MPa	15	15	15	15
1X 轴振动	μm	20	21	29	31
1Y 轴振动	μm	14	15	19	34
2X 轴振动	μm	40	45	30	16
2Y 轴振动	μm	32	33	32	20
1 号轴承温度 1	℃	81	64	51	47
1 号轴承温度 2	℃	71	62	69	65
2 号轴承温度 1	℃	69	59	51	50
2 号轴承温度 2	℃	63	60	62	60

　　汽轮机配汽方式的改变是通过改变其配汽曲线来实现的，混合配汽方式下的配汽曲线不能满足顺序阀配汽方式的要求。获取汽轮机配汽曲线的途径有两种，一种是理论计算，另一种是进行流量特性试验。理论计算较适合新建机组，长期运行后，由于设备磨损、老化或改造，结构参数很可能偏离设计值，造成理论计算结果与实际偏差较大。对该机组来说，通过流量特性试验获取其流量特性，然后计算得到顺序阀方式下的配汽曲线，是较为合适的方法。

　　对该汽轮机进行流量特性试验，试验在顺序阀阀序为 CV2&CV4-CV3-CV1 的情况下进行。根据试验结果，计算得到该机组顺序阀方式下的配汽曲线如图 4-24 所示。

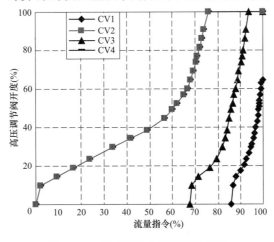

图 4-24　顺序阀方式下的配汽曲线

四、故障处理

为了检查该机组在不同配汽方式切换过程中运行是否平稳，在 300～550MW 范围内，每隔 50MW 负荷点，进行了原混合配汽方式（简称"旧阀"）与顺序阀配汽方式（简称"新阀"）切换试验。切换时机组协调方式投入，切换过程时间设置为 10min，其中 500MW 负荷下切换过程中主要参数变化如图 4-25 和图 4-26 所示。从这些过程曲线可以看出，在协调投入的方式下，机组配汽方式切换过程平稳，功率波动基本在 ±10MW 以内，主蒸汽压力波动较小，切换过程对机组扰动小。

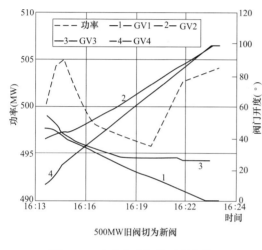

图 4-25　配汽方式切换过程曲线 1

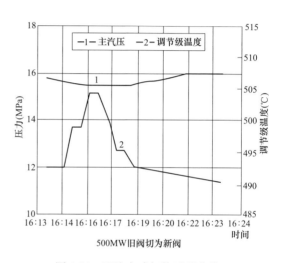

图 4-26　配汽方式切换过程曲线 2

为了验证在该顺序阀方式下的协调响应情况，对其进行了顺序阀方式下负荷变动试验。具体试验方式为：机组在 AGC 撤出、协调投入，机组滑压控制回路投入，其他主要自动回路投入。按正常的负荷变化速率，主要观察机组在新的顺序阀配汽曲线下的协调运行情况，以及阀点处汽门晃动情况。其中 300～400MW 升负荷过程曲线如图 4-27 所示。试验结果表明，在顺序阀方式下，该机组在负荷变动过程中协调运行正常，主蒸汽参数无明显异常波动，阀点处调节阀均无明显晃动。

汽轮机顺序阀方式下运行的经济性与调节阀开度密切相关，由于在机组功率一定时，主蒸汽压力与调节阀开度基本呈反方向变化，运行时主蒸汽压力也就会对汽轮机顺序阀方式下运行的经济性产生显著的影响，为了提高该机组顺序阀方式下运行的经济性，进行了滑压曲线优化试验。

试验期间机组设备按设计要求投入运行，汽水化学取样、热井补水照常进行，停止锅炉吹灰、停止供热，撤出 AGC 远方控制，固定负荷运行。试验工况涵盖 300～550MW 负荷段，包括改造前混合配汽方式 5 个试验工况（采用原设置的滑压曲线）和改造后顺序阀

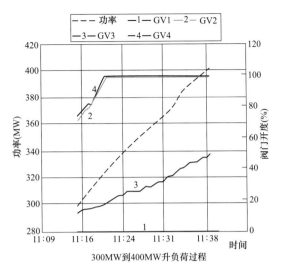

图 4-27 顺序阀方式下负荷变动试验曲线

配汽方式 12 个试验工况（共分 3 条滑压曲线，对应的调节阀开度分别为：滑压曲线 1：0%/100%/23%/100%；滑压曲线 2：0%/100%/30%/100%；滑压曲线 3：0%/100%/40%/100%）。

对各负荷段配汽方式切换前后的试验数据进行计算，获得各试验工况下不同高压调节阀开度带来的高压缸效率变化，以及相应主汽压力、给水泵汽轮机进汽流量等参数变化引起的循环效率变化。考虑缸效与循环效率变化带来的综合影响，参考历史试验数据并利用机组变工况计算模型计算热耗率的变化，从而获得不同负荷、不同高压调节阀开度下的机组运行热耗率，计算结果如图 4-28 所示，表 4-10 所示为具体的试验数据。

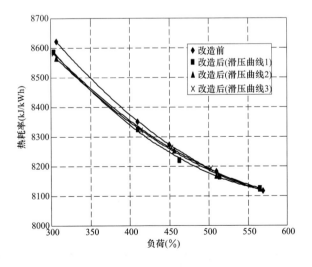

图 4-28 顺序阀方式下不同滑压曲线时的热耗率

表 4-10 滑压曲线的优化试验结果

试验工况		负荷 （MW）	修正后负荷 （MW）	高压缸效率 （%）	修正后热耗率 （kJ/kWh）
原混合配汽方式		555.5	568.8	82.4	8116.1
		500.4	509.7	79.3	8183.9
		449.5	449.8	78.7	8273.3
		402.8	409.8	76.5	8352.4
		300.4	307	72.6	8623
顺序阀 配汽方式	滑压线 1	501.9	513.8	78.9	8163.9
		450.7	462.6	78.8	8219.9
		400.4	410.5	78.9	8325.5
		297.1	303.9	79.1	8584.7
	滑压线 2	498.7	510	80.7	8168.4
		448.2	456.2	79.2	8253.8
		301.1	307	77.4	8564.9
	滑压线 3	549.4	564.8	82.4	8123.2
		497.7	502.8	81.9	8192.6
		449.2	452.4	81	8263.4
		406.8	414.3	82.3	8322.2
		298.9	303.5	80.8	8583.3

观察图 4-28 中曲线，改造后机组变负荷过程中的经济性能比优化前有了一定的提升，热耗率的下降幅度随着负荷的降低而增大。3 条滑压曲线相比较，滑压曲线 1 对应的经济性略好，具体曲线如图 4-29 所示。可见，原混合配汽方式下定滑压转折点负荷约为 549MW，滑压点汽轮机流量指令约为 86.2%；优化后顺序阀配汽方式下推荐的滑压曲线

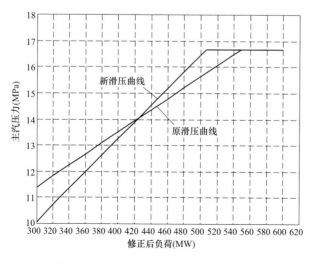

图 4-29 配汽方式优化前后的滑压曲线

定滑压转折点负荷约为 506.6MW，该滑压运行方式对应的汽轮机流量指令约为 79.5%，4 只调节阀开度分别约为 0%/100%/23%/100%。比较优化前后 2 条滑压曲线可知，优化后，在高于 425MW 的负荷区间提高了主蒸汽压力，低于 425MW 的负荷区间降低了主蒸汽压力，既降低了热耗率，又保证了 AGC 和一次调频响应速率。

该机组配汽方式优化所取得的经济效益包括两方面，一方面是由于顺序阀方式投运、机组供电煤耗的降低而产生的经济效益，如表 4-11 所示；另一方面是由于机组协调控制水平的提高而减少的电网两个细则考核的费用。

表 4-11 配汽方式优化的效益

负荷 (MW)	优化前热耗率 (kJ/kWh)	优化后热耗率 (kJ/kWh)	热耗率下降 (kJ/kWh)	供电煤耗率收益 (g/kWh)
300	8643.9	8597.6	46.2	1.8
350	8499.1	8457.2	41.9	1.6
400	8375.7	8340.4	35.3	1.4
450	8273.9	8247.2	26.7	1.0
500	8193.4	8177.5	15.9	0.6
550	8134.5	8131.5	3	0.1
600	8096.9	8096.9	0	0

五、结论与建议

针对东汽 600MW 亚临界汽轮机，在完成喷嘴组强度校核的基础上，进行了调节阀关闭试验、流量特性试验、顺序阀方式投运试验、滑压曲线优化试验，以及经济效益的测试等工作，最终实现了该机组汽轮机顺序阀方式的正常投运。运行结果表明，该机组汽轮机在顺序阀方式下，汽轮机转子振动、轴承金属温度、轴向位移、主蒸汽压力等主要参数变化均在允许范围内，一次调频功能正常，整台机组协调运行良好。这一结果表明，将东汽 600MW 亚临界汽轮机的配汽方式由混合配汽优化成顺序阀配汽，可提高机组运行的主蒸汽压力，减少调节阀的节流损失，大幅度降低机组的供电煤耗，增强机组的负荷动态响应能力，增加机组运行方式的灵活性。

第五章

汽轮机振动故障

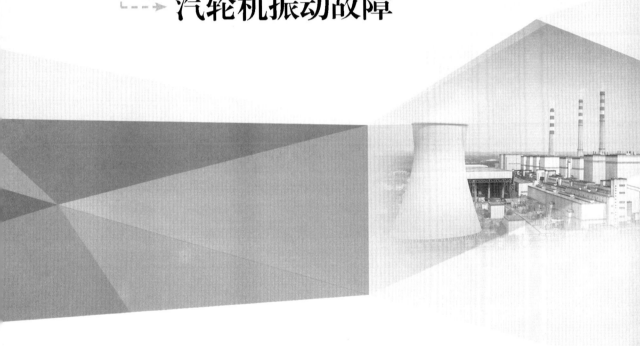

[案例 29] **600MW 汽轮机质量不平衡振动**

一、设备简介

某厂 10 号汽轮发电机组选用上海汽轮机厂按美国西屋公司提供技术制造的 N600-16.7/538/538 型 600MW 亚临界、中间再热式、单轴、四缸、四排汽凝汽式汽轮机，发电机选用上海汽轮发电机有限公司生产的 QFSN-600-2-2A 型水氢冷却发电机。汽轮机高、中、低压转子由刚性联轴器连接并支撑在 8 只径向轴承上，其中 1～4 号轴承为可倾瓦结构，5 号轴承为三瓦块可倾瓦轴承，6～8 号轴承为圆筒轴承，发电机轴承为可倾瓦轴承。其轴系布置如图 5-1 所示。

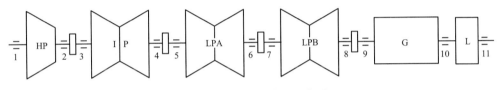

图 5-1　机组轴系布置示意图

2016 年，为了提高机组效率和节能减排，该机组开展通流增容改造，由上海汽轮机厂改造为 N630-16.7/538/538-1 型机组。涉及低压缸的具体措施如下：

（1）叶片的选型。低压缸通流采用双向反动式压力级，为 2×7 级，末级采用 1050mm 的长叶片。

（2）缸体加固。600MW 亚临界机组在改造前，存在着低压转子的缸体较弱，真空变化时，低压转子易发生动静碰磨现象。在改造过程中，对低压缸进行了加固，以提高低压缸的刚度。

（3）凝汽器的改造。凝汽器由原来的单背压、双流程改为双背压、单流程。

二、故障描述

该机组通流改造结束后，2016 年 9 月 8 日首次启动中，19：00 定速在 2450r/min 进行中速暖机，在暖机的 1h 内，7、8 号瓦轴振分别由 41、46μm 爬升至 64、70μm，随后逐渐降低至 42、45μm。在 2950r/min 的阀切换中，7、8 号轴振在 2min 内快速分别由 52、91μm 爬升至 122、173μm，导致机组停机，振动数据见表 5-1。

9 日 03 时定速 3000r/min 并进行电气试验期间，低压 LPB 转子轴振较稳定。9 日 20 时并网，7、8 号轴振在 11min 内分别爬升至 195、180μm，致使机组跳机，振动数据见表

5-1。

表 5-1   该机组 Y 向轴振数据

时间	工况	7Y	8Y	9Y
09.08 22:10:02	2948r/min	52/40∠111	80/71∠233	52/34∠288
09.08 22:11:02	2957/min	79/67∠107	125/116∠247	52/34∠288
09.08 22:13:03	2951/min	122/110∠108	173/166∠254	79/67∠308
09.09 15:20:00	3000r/min	80/70∠114	57/34∠269	38/17∠323
09.09 20:50:00	35MW	91/81∠110	58/50∠263	35/19∠269
09.09 21:02:00	3000r/min	195/185∠129	180/170∠184	74/58∠327

注 数据格式为通频/一倍频∠相位角，μm/μm∠(°)。

这两次振动快速爬升极其相似，说明机组 LPB 转子存在一定程度的动静碰磨故障，通过降低机组真空，即将真空由 −96kPa 降低至 −92kPa；调整机组轴封汽温度，即将轴封汽温度由 142℃ 提高至 162℃，使得机组振动趋于稳定。10 日 04 时定速 3000r/min，7、8 号振动分别稳定在 80、60μm，在带 10% 负荷 5h 后，顺利完成汽门汽密性试验和超速试验。

12 日后，机组带负荷过程中，7Y、8Y 轴振分别为 80～94μm、83～104μm 之间波动，且以 1X 分量为主，见表 5-2。通过调整真空、轴封汽温度等，7Y、8Y 轴振虽有波动，但未发生大幅波动现象。

表 5-2   该机组带负荷过程 Y 向轴振数据

时间	工况	7Y	8Y	9Y
09.12 17:46	460MW	80/69∠132	86/60∠298	44/28∠311
09.13 04:04	340MW	74/61∠126	83/60∠290	48/31∠327
09.13 20:10	300MW	83/67∠148	104/74∠311	47/30∠328
09.13 23:53	300MW	79/67∠131	83/59∠293	49/27∠359

由表 5-1 和表 5-2 可知，该机组故障存在以下特征：

（1）7、8 号瓦轴振爬升极快，6、9 号瓦的振动变化量较小，认为振动故障在低压 LPB 转子。

（2）振动以一倍频分量为主，振动爬升量也以一倍频为主，振动的相位稳定。

（3）在不同的负荷工况下，一倍频振动的幅值和相位随时间的变化规律是稳定的，重复性较好。

（4）7、8 号瓦第一次爬升过程约 2min，第二次爬升过程约 11min，振动可恢复至初始较小值，相位未存在变化，振动变化不为突变性振动，可排除转子部件脱落或对轮错位等故障。

（5）通过机组参数的控制，能够有效抑制机组振动的爬升。

三、故障分析

振动现象和特征表明，机组存在残余质量不平衡偏大，且容易发生动静碰磨，引起轴振爬升或波动现象。分析如下：

1. LPB 转子动静间隙较小

为了提高低压缸效率，在通流改造中，轴封、汽封与转子的间隙设计值越来越小，这给机组的正常运行带来了不利的影响，机组轴系振动稍微偏大一些，缸内转子动静部位容易接触发生碰磨。由表 5-1 可知，机组第一次、第二次动静碰磨，低压转子振动爬升时间分别为 2、11min，振动爬升至 173、195μm。这表明，动静碰磨发生后，汽缸内动静间隙有所增大，后期的碰磨强度也有所减弱。

而在机组运行中，诸如轴封汽温度、真空等运行参数和运行工况不匹配，也会增加静碰磨发生的可能性。机组发生动静碰磨后，调整轴封汽温度、真空等，均可使低压转子轴振减小或趋于稳定。

2. 低压转子存在质量不平衡

该机组定速 3000r/min 时，低压 LPA 转子、低压 LPB 转子的最大轴振分别为 60、80μm，且以 1X 分量为主。LPA 转子轴振相对较稳定，未发生动静碰磨；而 LPB 转子轴振波动较大，发生了 2 次严重的动静碰磨，表现为 7、8 号瓦轴振大幅爬升。低压 LPB 转子上存在一定的不平衡量，且严重动静碰磨后，其不平衡量有所增大。

在机组温升试验后，因发电机转子的热不平衡，7～10 号瓦振动稍微增大，低压转子动静碰磨有所加重，7、8 号瓦振动波动频繁且振动变化量有所增大。经计算，不同工况下，低压 LPB 转子上的不平衡量基本不变，表明碰磨程度较轻，未产生明显的热不平衡。

3. 低压转子稳定性分析

在机组升降速过程中，测定转子升速与降速过程的轴振值，根据波特图确定其临界转速。该机组 8 号瓦在超速前后的升、降速波特图见图 5-2 和图 5-3（其他轴振波特图相似，不再列举）。

由图 5-2 和图 5-3 可知，LPB 转子的一阶临界转速为 1580～1710r/min，并存在 2910～2970r/min 的共振峰，这与超速试验后测定的波特图很吻合。汽轮机厂的资料显示，低压转子临界转速为 1600r/min，叶片的共振转速范围为 1900～2280r/min、2600～2910r/min。根据波特图，发电机转子不存在 2910～2970r/min 的临界转速；励磁机小轴在转速 2910～2970r/min 范围内的振动均较小，且转子质量较低压转子轻很多，也不足以诱发低压转子的大振动。

LPB 转子在 3000r/min 附近存在共振峰，系统的稳定裕度降低，转子初始质量不平衡大，出现严重动静碰磨的概率会增大。一方面，转子在共振峰附近发生动静碰磨，碰磨效

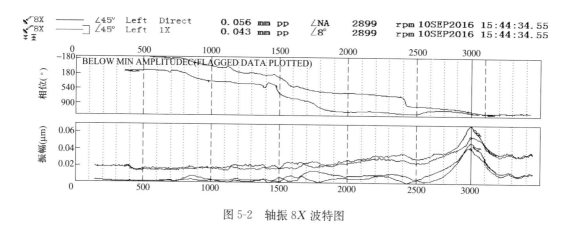

图 5-2　轴振 8X 波特图

应产生的转轴热弯曲将会增加碰撞程度；另一方面，碰磨产生的热弯曲，使得转子附加一热不平衡量，轴振相应会增大，因动静间隙较小，会使动静碰磨程度加剧，导致转子轴振快速爬升。

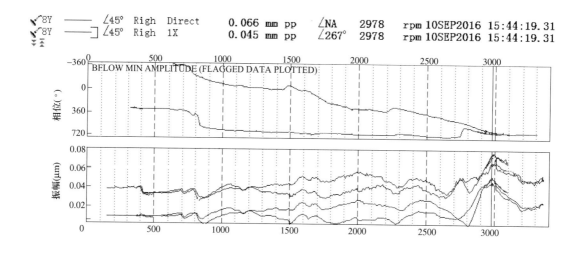

图 5-3　轴振 8Y 波特图

4. 发电机转子热变形的影响

在 20 日的发电机温升试验中，9、10 号瓦轴振分别爬升 13、17μm，以 1X 分量为主，有一定的滞后性。机组在大电流工况下，转子易出现热胀不畅、滑移层膨胀受阻等因素，使得转子产生了一定量的热态不平衡；但该机振动变化量较小，表明热不平衡量较小，数据见表 5-3。对低压转子来说，发电机转子的热不平衡相当于其外伸端出现了不平衡量，导致低压转子轴振有所增大。在温升试验后，7、8 号瓦振动值有所增大，波动幅度更大，8 号瓦最高爬升至 110μm，且波动更频繁，数据见表 5-4。

表 5-3 机组温升试验中 *Y* 向轴振数据（单位：μm）

时间	负荷（MW）	无功（Mvar）	7Y	8Y	9Y	10Y
09.20 15:32	495	114	66	73	40	38
09.20 16:29	480	262	62	74	49	45
09.20 18:03	471	191	97	110	50	53
09.22 13:04	315	150	69	78	53	56

表 5-4 机组温升试验后 9 月 27 日部分 *Y* 向轴振数据

时间	负荷（MW）	7Y	8Y	9Y	10Y
04:13	407	77/70∠144	90/65∠313	52/39∠322	57/39∠2
08:20	570	82/74∠145	88/61∠319	50/37∠322	57/39∠10
10:00	515	93/85∠148	109/84∠318	53/41∠334	59/38∠2

综上分析，原始质量不平衡、动静碰磨产生的热不平衡、发电机转子上产生的热不平衡量的共同作用，导致 LPB 转子的轴振较大。通流改造后的低压转子动静间隙较小，对轴系的质量不平衡更为敏感，易诱发动静碰磨故障，导致 7、8 号瓦轴振容易波动。

四、处理方法

质量不平衡是引起汽轮发电机组轴系振动大的最常见故障。引起转子不平衡的因素很多，如转子结构不对称、原材料缺陷、制造安装误差与热变形等。过大的质量不平衡，会诱发其他振动故障，使得机组振动表现更为复杂。现场动平衡是消除质量不平衡的主要手段，动平衡贯穿机组制造、安装和运行的不同阶段，也是处理大型汽轮发电机组振动故障的主要方法之一。

根据上述分析，采用振型分离法，实施高效准确的动平衡，同步消除低压 LPB 转子和发电机的不平衡量，降低轴系的振动。

不同工况下，低压 LPB 转子的 7、8 号轴振的一倍频振动分量为反相，以二阶振型下的不平衡为主，可在低压转子缸内施加反对称型配重或单端配重。而发电机的轴振以同相分量为主，而发电机的实测一阶、二阶临界转速分别为 830、2040r/min。表明发电机转子存在热不平衡，应在发电机外伸端加重。汽轮发电机对轮作为低压转子、发电机转子的共同外伸端，对降低发电机、汽轮机的振动均有较好的减振效果（见表 5-5）。

表 5-5 该机组动平衡后 *Y* 向轴振数据（单位：μm）

时间	工况	7Y	8Y	9Y	10Y
10.09 00:55	3000r/min	49	48	35	56
10.12 23:53	629MW	37	35	29	37

利用该机组在 9 月 28～10 月 9 日的检修期，在 LPB 转子缸内汽侧轮毂上、汽轮发电机对轮上同时加重，加重量分别为 0.570kg∠210°、0.40kg∠120°。10 月 09 日，机组在加重后的启动过程中，7～10 号瓦的振动均小于 50μm 且很稳定，该机组能安全可靠地稳定运行。

五、结论与建议

为了提高汽轮机的效率，在通流增容改造过程中，汽缸动静间隙越来越小，新、旧动静部件的构造型式不同，轴系在额定转速附近出现了共振峰，导致机组轴系的稳定裕度逐步下降，对轴系的平衡精度提出了更高的要求。

该机组在低压 LPB 转子残余质量不平衡不大的情况下，在低压缸动静间隙偏小、发电机转子热不平衡、系统参数不匹配等作用下，诱发了碰磨故障导致跳机。现场动平衡是消除质量不平衡的主要手段，采用高效动平衡，一次同步加重有效降低了 LPB 转子、发电机转子的振动值，有效降低了转子轴系的激振力，轴系趋于稳定，后期运行未再发生振动故障。

[案例 30] 600MW 汽轮机联轴器缺陷振动

一、设备简介

某电厂 1 号机组汽轮机选用上海汽轮机厂按美国西屋公司提供的技术制造的 N600-16.7/538/538 型 600MW 亚临界、中间再热式、单轴、四缸、四排汽凝汽式汽轮机组，发电机组选用上海汽轮发电机组有限公司生产的 QFSN-600-2-2A 型水氢冷却发电机组。汽轮机组高、中、低压转子由刚性联轴器连接并支撑在 8 只径向轴承上，其中 1～4 号轴承为四瓦块可倾瓦轴承，5 号轴承为三瓦块可倾瓦轴承，6～8 号轴承为上下半圆筒轴承，发电机轴承为可倾瓦轴承，9～10 号轴承为三瓦块可倾瓦轴承，11 号轴承为四瓦块可倾瓦轴承，其轴系布置见图 5-4。

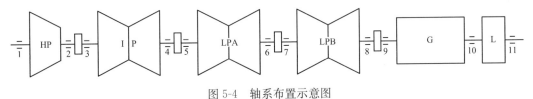

图 5-4 轴系布置示意图

二、故障描述

该机组某次 C 修结束后正常启动，升速至 3000r/min，机组各轴振均小于 76μm，然后并网升负荷。5 月 24 日 6 时 21 分，负荷升至 212MW 时，轴系振动发生了第一次突变，当时由于振幅变化不很大，而且最大振动未超过 75μm，未引起重视；1.5h 后的 7 时 57 分，负荷升至 328MW 时，轴系振动再次发生突变，这次 8Y 轴振变化幅度较前次严重，突变后的 8Y 轴振高达 104μm，见表 5-6。表 5-6 给出了机组轴系 2 次振动突变前后 6～10 号瓦振动数据及振动变化值。

虽然轴振 104μm 不至于影响机组的安全运行，但轴系振动的大幅度突变还是立即引起现场运行人员的高度警惕，决定立即减负荷，负荷减至 200MW，轴系振动没有变化；为确保机组的安全，决定解列停机组进行分析处理。

机组异常振动特征包括：①该机组的异常振动具有突变性，表 5-6 所示数据由于数据库中振动历史存储设定所限，反映的是 1min 前后的变化，现场实际变化是瞬间的。②振动和振动的变化量以基频分量（1X 频率）为主。③振动的突变发生在某一负荷点，瞬间变化完成后，振动相对稳定。④两次突变，都是 8、9 号轴承振动变化幅值较大。⑤两次突变导致的 8、9 号轴承振动变化均为反相。

155 ◀

表 5-6   机组轴系振动突变前后数据汇总

工况 / 轴承号	位置	振动通频幅值/工频幅值/工频相位 （μm/μm/°）				
		6 号瓦	7 号瓦	8 号瓦	9 号瓦	10 号瓦
5 月 24 日 6:21:14 212MW	Y	23/16∠83	28/22∠159	46/40∠121	62/49∠100	85/80∠348
	X	23/18∠152	14/6∠19	43/38∠238	68/62∠195	84/78∠75
5 月 24 日 6:22:14 212MW	Y	23/16∠71	28/22∠159	61/53∠93	56/40∠128	87/83∠351
	X	24/19∠142	26/23∠33	49/45∠191	69/65∠222	87/81∠79
振动变化量	Y	3.3∠347	14.0∠267	25.8∠46	23∠226	5.2∠44
	X	3.4∠74	17.0∠38	32.0∠132	30.0∠293	6.3∠139
5 月 24 日 7:57:46 328MW	Y	32/24∠81	38/32∠227	62/54∠84	50/29∠150	86/83∠351
	X	26/22∠165	43/42∠28	56/53∠218	71/66∠231	85/79∠77
5 月 24 日 7:58:46 328MW	Y	38/31∠71	47/41∠256	104/96∠85	54/39∠225	89/86∠356
	X	33/27∠154	65/64∠47	98/97∠197	81/78∠271	90/83∠82
振动变化量	Y	8.5∠42	20.3∠306	42.0∠86	42.2∠267	8.0∠61
	X	6.8∠116	27.9∠76	51.2∠175	50.5∠328	8.1∠140

三、故障分析

正常运行机组发生突变性振动的原因通常包括：①自激振动；②转子匝间短路；③转动部件飞落；④转子间靠背轮移位。

1. 自激振动的分析

白激振动包括油膜涡动、油膜振荡、汽流激振等，振动具有突发性。其振动频率具有明显的特征：半倍频或转子一阶固有频率，而且既然是机组负荷升至某一负荷而发生的，也应该随机组负荷的降低而减小，甚至消失。与该机组的振动现象与特征不符，因此可以排除自激振动的可能。

2. 转子匝间短路的分析

发电机组转子匝间短路，同样具有突发性振动的特点，其故障对轴系的作用有电磁力不平衡和转子热弯曲，振动频率大多数情况是 2X，但有时也会具有 1X 的特征。该机组的发电机组转子及支撑结构是对称的，因此该类故障轴系振动反映强烈的应是发电机转子跨度内的 9 号和 10 号轴承，而不应是 8 号和 9 号轴承；另外，如果是发电机组转子匝间短路，则其轴系振动应与励磁电流有明显的关系，机组的减负荷和解列，轴系振动应减小复原。该情况与该机组的振动现象和特征不符，所以同样应排除。

3. 转动部件飞落的分析

转动部件（叶片、围带、靠背轮螺栓挡板等）飞落故障具有典型突发性、振动 1X 频率和一旦发生后即稳定（不随负荷变化）的特征，完全符合该机组的振动现象和前三条振动特征。因此在分析中成为重点排除或确证（飞落部位和质量）的焦点。鉴于轴系振动变化发生在 6～10 号轴承，建立汽轮发电机靠背轮和低压转子 LPB 部件的模型，并进行了分析研究。

（1）汽轮发电机靠背轮。汽轮发电机靠背轮（又称联轴器）上失重对各轴振的不平衡响应数据见表 5-7，该数据来自该机组投产时靠背轮螺栓挡板飞落实际取得的。由表 5-7 所列数据可知，汽轮发电机靠背轮上失重对相邻 8、9 号轴承振动的影响基本同相，而该机组二次振动突变，8 号和 9 号轴承振动变化量却是反相的，动平衡计算后剩余振动的差别也说明靠背轮上失重几乎是不可能的。而且靠背轮上除了两块质量为 8.4kg 的靠背轮螺栓挡板外，也没有其他可以飞出的零部件。由此判断，即使存有转动部件，飞落也不可能是在靠背轮部分。

表 5-7 　　　　　　　　靠背轮失重的动平衡计算（工频幅值/工频相位，μm/°）

轴承号	6Y	7Y	8Y	9Y	10Y
不平衡响应	18.3∠0	27.4∠306	31.4∠72	25.7∠52	4.6∠143
振动 1	3.3∠347	14.0∠267	25.8∠46	23∠226	5.2∠44
振动 2	8.5∠42	20.3∠306	42.0∠86	42.2∠267	8.0∠61
1 可能飞落的质量	0.27kg∠131				
2 可能飞落的质量	0.39kg∠172				
1 平衡后剩余振动	3.1∠91	6.7∠278	18.0∠57	28.5∠216	4.5∠32
2 平衡后剩余振动	7.3∠96	9.9∠319	31.0∠96	49.7∠258	7.6∠48

（2）低压转子 LPB。鉴于 7、8 号轴振几乎反相、机组停机过临界时振动不大及转子的特性，假设了二阶失重的模型进行分析，不平衡响应的数据来自多台同类机组的加重数据。从不平衡响应数据可以看出：低压转子 LPB 上的失重对 7 号和 8 号轴承振动的作用几乎是同水平的，对 9 号轴承振动的影响要小于 7 号和 8 号轴承，而且 8 号和 9 号轴振也没有反相的关系，这与该机组二次振动突变不符。动平衡计算平衡效果不佳也同样说明低压转子 LPB 上失重的可能性不大，见表 5-8。

表 5-8 　　　　低压转子 LPB 出现二阶失重的动平衡计算（工频幅值/工频相位，μm/°）

轴承号	6Y	7Y	8Y	9Y	10Y
不平衡响应	63∠349	146∠253	132∠43	92∠107	46∠263
振动 1	3.3∠347	14.0∠267	25.8∠46	23∠226	5.2∠44
振动 2	8.5∠42	20.3∠306	42.0∠86	42.2∠267	8.0∠61
1 可能飞落的质量			0.115kg∠236		
2 可能飞落的质量			0.197kg∠282		
1 平衡后剩余振动	5.1∠105	11.0∠184	20.5∠10	20.5∠254	7.1∠92
2 平衡后剩余振动	9.0∠131	21.6∠220	36.0∠48	36.0∠292	8.0∠129

通过上述建模分析，排除了低压发电机靠背轮和低压转子 LPB 转动部件飞落的可能。

4. 转子间靠背轮移位故障

转子间靠背轮移位或错位故障，即转子间同心度发生变化，是机组轴系振动发生突变的另一类重要故障，其故障引起的振动具有突发性、1X 频率、发生在某一负荷点、瞬间变化完成后机组轴系振动相对稳定及相邻轴承振动变化反相的特点，完全符合该机组的振动现象与特征；停机组时 8、9 号晃度值较开机组的晃度值有明显的增大，也验证了上述分析和判断，见表 5-9。而且机组汽轮发电机靠背轮的配合因制造原因存有间隙，而非通常为过盈的状况。

表 5-9 机组部分瓦原始晃动度

时间 \ 轴承号	位置	单位（μm）				转速 (r/min)
		7 号瓦	8 号瓦	9 号瓦	10 号瓦	
5 月 23 日	X	15	17	27	34	405
	Y	15	20	27	38	
5 月 25 日	X	18	47	70	27	405
	Y	19	61	72	37	

四、处理方法

基于上述分析，采取如下处理检修措施：

（1）5 月 25 日检查汽轮发电机靠背轮的对中，发现靠背轮的同心度由开机前（即小修结束时）的 15μm 变化至 55μm。调整汽轮发电机靠背轮的对中及晃动度，靠背轮的同心度最大为 15μm，晃动度最大为 20μm。

（2）为防止靠背轮的中心在调整后再次发生变动，按照靠背轮螺栓安装说明规定的最大力矩（5850N·m），预紧汽轮发电机靠背轮的螺栓。

处理结束后，于 5 月 27 日开机，启动过程中机组轴系各瓦的原始振动、3000r/min 的振动值、并网后的振动值与 5 月 24 日振动变化前启动过程中的数值基本一致。

但是 5 月 27 日并网后升负荷的过程中，当负荷升至 250MW 时，机组 7～10 号瓦的振动再一次发生突变，8、9 号瓦的振动变化较大，7、10 号瓦变化较小，振动突变故障现象和特征与之前一致。随后的升负荷过程中，1 号机组负荷由 250MW 升至 600MW 时，机组 8、9 号瓦的振动变化较小。

振动突变的现象和特征与之前一致，说明汽轮发电机靠背轮又一次发生了错位故障，在安装规定的最大力矩下，靠背轮的紧固螺栓也不能保证靠背轮在机组升负荷过程中的对中不发生错位；机组负荷带至 600MW 的过程中，机组的 8、9 号瓦振动缓慢爬升且变化幅度较小，说明在该次发生靠背轮错位故障后，外部冲击力矩已不能再次突破最大力矩，表现为之后的带负荷过程,机组汽轮发电机靠背轮对中不再发生移位故障。综上判断,决定机组正常运行,待下次停机检修再处理。

停机检修期间,对汽轮发电机靠背轮进行了细致的检查,检查结果如下:

(1)汽轮发电机靠背轮为止口间隙配合(设计为微过盈 0~0.013mm),若加工质量较差,则在机组运行一段时间后,低压发电机靠背轮有可能发生径向错位。

(2)汽轮发电机靠背轮的端面加工不良使得靠背轮接触面积减小。检修中发现盘车齿轮摩擦面环形接触宽度仅为 20~30mm,且靠近止口。

(3)按照厂家说明书使用标准上限值为 5850N·m 的力矩扳手上紧螺栓,在机组运行一段时间后,各螺栓的伸长值差异较大,最大为 0.60mm,最小为 0.26mm。

进一步的研究表明,汽轮发电机靠背轮的连接螺栓为三凸台定位结构,只能依靠汽轮发电机靠背轮两端面的摩擦力与螺栓弯曲力传递扭矩,螺栓不能长期承受剪切力。当靠背轮的端面加工质量较差时,这种结构的靠背轮容易发生错位。

而目前部分机组使用的汽轮发电机靠背轮为四凸台定位结构螺栓,可依靠靠背轮两端面的摩擦力与螺栓剪切力共同传递扭矩。这种螺栓既可保证机组的安全运行,又可防止汽轮发电机靠背轮的错位。

次年 A 修中,将该汽轮发电机靠背轮的三凸台定位结构螺栓更换为四凸台定位结构螺栓,根据进口原型机组的标准,按螺栓升长量为 1.5‰有效长度 [(0.62±0.05)mm] 旋紧螺栓,并保证汽轮发电机靠背轮的同心度与晃动度,使其在合格范围内。

A 修后,机组启动过程中,8~10 号瓦的轴振最大为 65μm,且不随负荷变化,后期长期运行也未再发生同类故障。上述分析和处理说明,该机组多次振动突变是因为汽轮发电机靠背轮的对中发生错位引起的,三凸台定位结构连接螺栓承受的剪切力有限,易诱发靠背轮错位故障。电厂在发现汽轮发电机联轴器连接螺栓缺陷后,对同类型的机组三凸台定位结构螺栓全部更换为四凸台定位结构螺栓。

五、结论与建议

该亚临界 600MW 机组多次发生振动突变故障,通过正向推理和转动部件脱落建模分析,诊断为汽轮发电机靠背轮移位故障,即联轴器存在缺陷故障,导致汽轮发电机靠背轮的同心度超标,使得振动超标。检修处理发现,汽轮发电机靠背轮的连接螺栓为三凸台定位结构,只能依靠靠背轮两端面的摩擦力和螺栓弯曲力传递扭矩,螺栓不能长期承受剪切力,当靠背轮的端面加工质量较差时,这种结构的靠背轮易发生移位故障。汽轮发电机靠背轮的连接螺栓更换为四凸台定位结构,其依靠联轴器两端面的摩擦力和螺栓剪切力共同传递扭矩,后期的机组运行表明可有效防止汽轮发电机靠背轮的移位。

[案例31] 同轴燃气-蒸汽联合循环机组动静摩擦振动

一、设备简介

某电厂12号燃气-蒸汽联合循环发电机组选用美国GE公司生产的PG9315FA型燃气轮机、D10型三压有再热系统的双缸双流式汽轮机、390H型氢冷发电机。燃气轮机、蒸汽轮机和发电机刚性串联在一根长轴上，轴配置为GT-ST-GEN（燃气轮机-汽轮机-发电机），转速为3000r/min。燃气机组主轴分为四段，即燃气轮机压气机转子、高中压转子、低压转子、发电机转子，均为整锻实心转子，每段转子均由两个径向轴瓦支撑，轴系布置如图5-5所示。1、3、4、5为六瓦块可倾瓦轴承，2、6、7、8为椭圆瓦轴承，推力瓦在1号轴承处。

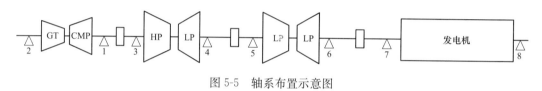

图5-5 轴系布置示意图

二、故障描述

该机组在调试期间曾多次发生高压转子与轴封、汽封碰磨，通过调整轴封汽温度、上下缸温差，增加盘车时间等措施可使摩擦接触点脱离而冲转成功。2007年6月12日机组进行超速试验，超速试验后停机降速过程中，转速回到3000r/min时振动较正常情况下有所上升。转速低于1000r/min后，3Y、3X振动大幅上升，都高达120μm以上（见图5-6），4Y、4X也较平常停机过程的振动要大很多。盘车1.5h后，机组冷拖至699r/min，因3、4号轴振动急剧上升而停机，到盘车转速后转子偏心为100μm。机组运行过程中，汽轮机高中压转子振动表现出以下特征：

（1）机组超速试验和解列前，带负荷阶段3、4号轴振动已出现一倍频分量慢慢爬升，相位也同步在变化，而低压转子的5号轴振动和燃气轮机转子的1号轴振动的一倍频分量基本未变化。

（2）超速试验到3300r/min跳机后，降速过程中，3Y、3X、4Y、4X轴振动不降反升，比转速为3300r/min时振动大很多；转速回到3000r/min时，3Y、3X、4Y、4X轴振动比超速试验前明显增大，相位也同步增大不少，增长的振动以一倍频分量为主。

（3）比较该次异常振动降速过程的Bode图（见图5-6）和正常情况下的Bode图（见

图 5-7）可知，异常振动降速过程中，高中压转子过临界振动明显增大，低转速振动（晃度）也偏大（图中仅为 3Y，其他方向振动效应与之相同）。

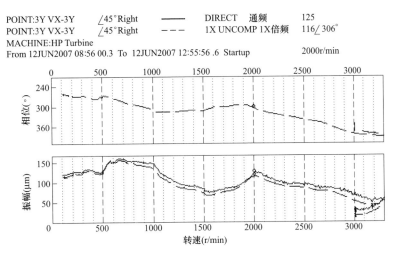

图 5-6 超速试验后 3Y 停机降速 Bode 图

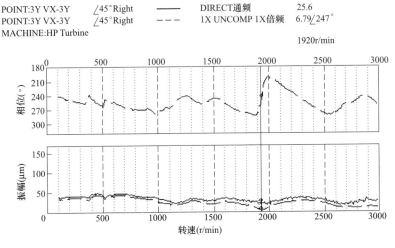

图 5-7 正常情况下 3Y 降速过程 Bode 图

（4）再次冷拖至 699r/min，定速后振动开始爬升且爬升速率非常快，仅 10min 3Y、3X 振动就由 24、23μm 爬升至 118、114μm，轴振动爬升也以一倍频分量为主，相位在爬升之初有急剧变化，之后振动爬升，相位变化较小；拍机后降速，振动仍然上升，回到低转速 100r/min 振动仍然非常大（见图 5-8）。

三、故障分析

从振动特征来看，振动的主要频率成分为一倍频分量，振动为强迫振动，仅在低转速

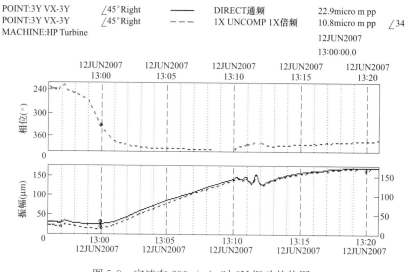

图 5-8　定速在 699r/min 时 3Y 振动趋势图

情况下，引起振动的可能原因包括：①联轴器对中不良或联轴器螺栓松动；②轴承座螺栓松动；③动静碰磨。联轴器对中不良或联轴器螺栓松动引起的振动应有突变过程，突变后振动稳定，对联轴器两端的振动影响较大，而该机为 3、4 号瓦振动大，振动始终爬升不稳定，可以排除该原因。轴承座螺栓松动导致刚度不足引起的振动会发散爬升，但爬升过程相位基本不变，低转速振动也不会变大，再检查 3、4 号轴承所能影响接触刚度的螺栓紧力都正常，可以排除轴承座螺栓松动。

振幅增加、振幅和相位变化均以一倍频分量为主、相位增大等振动特征完全符合动静碰磨故障的特征。无论是定速还是升降速状态下，1、5 号轴振动都没有明显的变化，说明碰磨接触部分就在高中压转子跨度内。从 3 号瓦轴振动增幅最大、变化最剧烈的情况可以判断，碰磨部分应是靠 3 号瓦侧的高压缸内。超速试验时，机组仍处于局部轻微碰磨状态，振动未发散；再次启机冷拖至 699r/min 时，机组发生了全周摩擦振动，振动爬升迅速且发散不可控。振动爬升速率快，定速仅在 699r/min 的相对较低转速情况下，振动就非常大，碰磨应为严重轴向碰磨。

盘车 2 天后，仍然不见转子偏心下降，其他控制轴封汽温度、上下缸温度偏差已无效果，高中压转子碰磨情况非常严重，必须开缸处理。

四、处理方法

2007 年 6 月 23 日，打开高中压缸外缸，发现高压轴封齿断裂，高压隔板汽封齿破损严重，所有 12 级隔板汽封齿的高齿都已经被磨平（见图 5-9），高中压转子往燃气轮机方向偏移，高压转子部分与隔板汽封发生轴向碰磨，中压转子部分与隔板汽封未接触。表现在振动上就为 3 号瓦轴振较 4 号瓦轴振变化幅度更大、相位变化更剧烈。

图 5-9　磨损的汽封片

6月23日开始，安装单位与制造厂家对高压转子的中心、推拉杆间隙、高压外缸外引、高压隔板径向、轴向间隙等进行了全面测量，数据表明高压转子的中心、推拉杆间隙都在合格范围之内（见表5-10）。但发现两个主要问题：①高中压转子轴向定位尺寸 K 值（高压第2级隔板汽封轴向叶顶间隙）现场安装数据相比设计值往燃气轮机方向偏离2.5mm，K 值的偏离是造成该次高压转子轴向碰磨的主要因素。②高中压转子往燃气轮机方向窜动0.8mm，轴窜是造成碰磨的另一关键因素。高中压转子共往燃气轮机方向偏移3.3mm。

表 5-10　　　　　　　6 月 26 日高压隔板汽封轴向间隙测量数据（单位：mm）

级数	设计值		测量值	
	最小值	最大值	左侧	右侧
12	4.216	4.724	7.6	7.7
11	4.623	5.131	8.0	8.1
10	4.826	5.334	8.1	8.3
9	4.953	5.461	8.6	8.5
8	5.232	5.74	8.5	8.55
7	5.463	5.944	9.0	8.8
6	5.664	6.172	9.74	9.7
5	5.664	6.172	9.34	9.3
4	5.893	6.401	9.72	9.48
3	6.147	6.655	9.72	9.7
2	6.325	6.833	9.9	9.92
1	6.706	7.214	10.4	10.3

6月24～7月5日，根据GE公司和哈尔滨汽轮机厂的方案再对汽封轴向间隙、径向间隙、K 值、隔板洼窝中心等关键数据进行了多次测量。表5-10所示为6月26日的高压汽封轴向间隙数据，可知高中压转子往燃气轮机方向偏移3～3.5mm。根据多次测量的数据，GE公司确定以下处理方案：①高中压缸往燃气轮机方向移动3.5mm。②测量所有隔

板间隙（包括轴向和径向）。③高中压缸先往燃气轮机方向移动 3.5mm，移好后测 K 值，保证 K 值在设计值 6.6mm。④测量高中压缸最后两级隔板的间隙，以该数据来决定高中压缸的调整量，保证汽缸洼窝中心。⑤复查低压缸轴向外引值。以上处理都是在未解开各个转子靠背轮的情况下进行的。

完成以上工作后，GE 公司提出为保证低压转子在原来位置（未运行时的安装位置）和调整推拉杆分裂垫片间隙，需将转子轴系往发电机方向移动 0.9mm。6 月 28 日，高中压转子往发电机方向移动 0.9mm，再将高中压缸往发电机方向移动 0.85mm。之后，由哈尔滨汽轮机厂提供方案来调整隔板中心、隔板的径向间隙，以保证其在合格范围之内。该机组的高中压转子严重碰磨故障，最关键的因素是高中压转子轴向定位尺寸 K 值错误。开缸处理为保证 K 值在设计值，先后移缸、移轴，最终处理的结果为：转子轴系往发电机方向移动 0.9mm，高中压缸往燃气轮机方向移动 2.65mm。

五、结论与建议

从该起高中压转子严重碰磨故障诊断和机组检修处理情况来看，在汽封高齿与转子始终接触摩擦的情况下，严重全周轴向碰磨振动特征为：振动振幅急剧上升发散，振动仍以一倍频为主；相位在爬升之初有急剧变化，之后振动爬升，相位稳定；轴心轨迹仍为正进动，时域波形并未出现削波现象。即使发生如此严重的碰磨故障，振动的非线性特征仍不明显，低频、高频成分较小。

该起动静碰磨的主要原因是高中压转子轴向定位尺寸 K 值与设计值有较大的偏差。联合循环机组的高中压缸为合缸整体组装到电厂，现场安装阶段无法直接测量 K 值，这给正确判断高中压转子轴向位置带来一定困难。现场安装过程中应进一步加强质量管理，必须测试轴窜、高中压轴向外引、低压轴向外引，与设计值、出厂值比较，保证各间隙尺寸在制造厂家设计值范围内。该起动静碰磨另一原因为高中压转子往燃气轮机方向窜动。窜动的原因仍不明确，这也是同类型机组在启机过程中经常发生轻微轴向碰磨的主要因素。开机过程中应合理控制轴封汽温度、轴封汽投运的时间、上下缸温差等运行参数，避免轴向动静碰磨的发生。

[案例 32]   **600MW 超临界汽轮机转子热变形振动**

一、设备简介

某厂 3 号机组是东方汽轮机厂设计制造的 N600-24.2/566/566 超临界、一次中间再热、冲动式、单轴、三缸四排汽凝汽式汽轮机。机组主轴分为四段，均为整锻实心转子，分别为高中压转子、A 侧低压转子、B 侧低压转子、发电机转子，机组轴系布置如图 5-10 所示。汽轮发电机组转子刚性连接，双支撑结构，共 9 个支撑轴承；其中 1、2 号轴承为 6 瓦块可倾瓦轴承，3~6 号轴承为座缸椭圆形轴承，7、8 号为椭圆形轴承，推力瓦在中压缸排汽后，工作面在发电机侧。

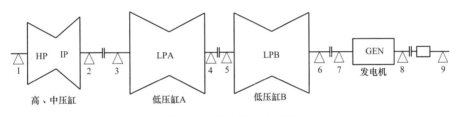

图 5-10　机组轴系布置图

二、故障描述

该机组在 3000r/min 下定速时，各轴承振动均较小。带上负荷后，发电机振动会逐渐增加，但直至满负荷，轴系振动仍均在优秀范围之内。机组于 2007 年 5 月初因励磁变压器温度高导致跳机组后重新启动，相同工况下，发电机的 7、8 号轴振比跳机组前的振动较大。与此同时，随机组负荷的升高爬升量值较大，最大为 130μm。对机组开展了变压器有功振动试验，试验结果表明，7、8 号轴振受励磁电流影响较大，随着励磁电流的增大，振动逐步增大，振动增大有滞后效应。这是典型的发电机转子热弯曲变形现象。

定负荷变压器试验，即励磁电流试验，可直观有效地观察振动与励磁电流的变化关系，有效判断发电机是否存在的缺陷。2008 年 1 月 9~14 日，对该机组进行了变压器试验，将机组有功负荷保持在 600MW 基本不变，将无功功率逐渐降低到 20~30Mvar，稳定 60min 以上，直到振动较稳定；然后逐渐增加励磁电流，将无功功率逐渐增加至 247Mvar，稳定 5min 以后，机组 7、8 号轴振爬升快，7X、8X 轴振最大值都高于 120μm，将机组无功功率降至 205Mvar，稳定 60min 以上 7、8 号轴振在缓慢爬升后基本稳定；将机组无功功率降至 88Mvar，稳定 60min 以上，直到振动稳定。同时记录机组的 6~8 号瓦的

165 ◄

轴振、瓦振、瓦温、功率、无功功率、发电机组励磁电流、励磁电压，其数据见表 5-11，其变化趋势图见图 5-11。

表 5-11　　　　　　　　　　　　机组变压器无功功率振动试验数据

项目	单位	数据								
时间	—	13:15	13:56	14:12	14:22	14:38	14:41	15:10	15:25	16:02
负荷	MW	600	602	603	601	601	602	596.3	594.0	597.5
励磁电流	A	3476	3424	3816	3993	4219	4241	4038	3817	3628
无功功率	Mvar	31	14.9	145.4	194.6	247.9	247.4	203.8	149.6	89.6
7X	μm	88	87	91	96.6	107	123	146.9	141.1	132.5
8X	μm	77	76.3	79.3	85.8	89	105.4	123.4	120.2	115
7Y	μm	47	46	47.5	48.9	54.1	60.6	71.1	69.8	67.4
8Y	μm	43	43	44	45.2	46.7	48.5	52.4	51.6	50.6

由表 5-11 及图 5-11 可知，无功功率从 20～30Mvar 稳定约 1h 后，逐步增加至 247Mvar，励磁电流由 3430A 左右提升至 4220A，随着励磁电流的增加，7X、8X 轴振由 88、77μm 分别升高到 107、89μm，振动的爬升有一定的滞后性。在大励磁电流 4220A 运行了近 2min 时，7X、8X 轴振快速爬升，振动爬升的幅度明显加快，7X、8X 轴振最高分别至 123、105μm。升励磁机电流阶段，7X、8X 轴振的振动变化量分别为 35、28μm。在大励磁电流 4220A 运行了约 5min，振动仍然急剧上升的趋势，为防止造成发电机转子匝间绝缘不可逆转的损坏，开始缓慢下降无功功率和励磁电流。在此过程中，7X、8X 轴振仍然持续爬升，约 30min 后，励磁电流为 4038A，7X、8X 轴振爬升至最大值 147、123μm；再过 15min，励磁电流降至 3817A，7X、8X 轴振为 141、120μm；再过 35min，励磁电流降至 3628A，7X、8X 轴振仍有 132、115μm。

无功试验表明，振动变化滞后于励磁电流的变化，为典型发电机转子热变形故障。特征如下：

（1）发电机的振动受励磁电流影响较大。励磁电流增大，振动增大，变励磁电流时，发电机转子轴振同步变化，变化趋势相近。

（2）在励磁电流变化过程中，振动频谱均以一倍频为主，二倍频分量很小且一直未发生变化。

（3）励磁电流变化后，振动不是突变，而是逐步缓慢变化。由于励磁电流加热使转子热弯曲变形，以及热弯曲的恢复都需要时间，所以表现为在励磁电流上升段振动滞后于励磁电流的变化，励磁电流下降段振动恢复缓慢。

（4）在持续大励磁电流运行情况下，对振动有明显的恶化趋势。

三、故障分析

上述振动现象说明发电机转子存在一定程度的热变形，可能原因有：①发电机转子匝

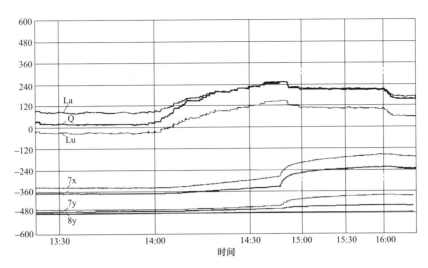

图 5-11　变无功试验相关参数变化时趋图

Q—无功功率；La—励磁电流；Lu—励磁电压

间存在局部短路情况，诱发转子出现非对称受热变形。②发电机转子因某些通风孔局部通风不畅，冷却水量不均匀等诱发的转子局部冷却不均匀。③绕组膨胀受阻或部件松动等。

该发电机转子为氢气冷却，通过变氢试验，发现 7、8 号轴振基本上未变化，排除了冷却不均匀故障。结合电气试验诊断出为发电机转子局部匝间短路。

1. 发电机转子匝间短路检查试验

在停机组前，进行了发电机组转子匝间短路电气试验，包括空载试验、不同转速下交流阻抗测量、短路状态下转子励磁波形测量。结果表明：①空载曲线与以前相比有向右偏移现象，初步负荷损耗有所增大，与匝间短路的症状相似。②存在交流阻抗明显偏小而功率损耗偏大现象，而且在测量阻抗时发现电流在不同转速下有突变现象。

2. 发电机三相短路状态下转子匝间短路波形测量

利用安装在发电机组内部的转子匝间短路探测线圈，用录波器录下励磁波形。N、S极分别有 8 槽，每槽 11 匝，在转子有 1 处明显的短路点，短路点位置在 1 区第 5 槽，但具体的短路点位置需在拔出护环后才能确定。

四、处理方法

1. 故障点的查找

2008 年 3 月，安排发电机 A 修，抽出发电机转子进行了如下检查：

（1）在转子集电环处通入交流 380V 电流，用探针和交流电压表分别测量 1、2 极电压。测量结果为：1 极电压为 169V，2 极电压为 206V，相差 37V，可见短路点在 1 极。

（2）在转子集电环处通入交流 220V 电流，用探针和交流电压表分别测量各线圈分担电压，两极对应线圈分别进行比较（头、尾均测），确定短路点位置。

对表 5-12 所示 1、2 极相同部位的电压进行比较发现，1 极第 5 槽电压明显偏低，其余部位较接近。

表 5-12   **发电机组定子线棒的极电压**

1 极	电压	2 极	电压
1 号槽	4.78V	1 号槽	4.8V
2、3 号槽	23.2V	2、3 号槽	24.9V
4、5 号槽	15.8V	4、5 号槽	28.8V
6、7 号槽	26.7V	6、7 号槽	30V
4 号槽	11.5V	4 号槽	13.2V
5 号槽	3.0V	5 号槽	13.3V

（3）在转子集电环处通入直流 100A 电流，在每条线圈通风孔处用探针和直流毫伏表测量电压，进一步确定短路点在某极某条线圈上并确定在励磁侧或汽侧。

测量结果发现 1 极励端第 5 槽 2、3 层间电压只有 78mV，其余层间电压为 110～130mV，明显偏低，至此可以确定短路点就在 2、3 层线圈之间。拔掉护环，吊起转子上部绕组，短路点如图 5-12 所示。

图 5-12　发电机组转子短路位置形貌

2. 故障处理

对短路点处毛刺进行修复，重新加厚绝缘，阻尼环、护环等装复后进行试验，测量 1、2 极电压分别为 185V 和 186V。在发电机组启动试验中，测量交流阻抗。电气试验结果表明短路点消除后，交流阻抗及损耗值、空载特性与交接试验相近。

3. 处理后振动情况

发电机组 A 修结束后，于 2008 年 5 月投运，再次进行了发电机 7、8 号轴振随无功变化的试验，试验数据见表 5-13。

表 5-13   发电机匝间短路消除后变无功试验情况

时间 项 目	5/21	5/23	5/27	5/29	5/30	7/4
有功功率（MW）	566.67	602	600	600	605	605.7
无功功率（Mvar）	146.5	136.3	144.5	102	132	233.3
励磁电流（A）	3689.4	3780	3792	3635	3748	4150
7X（μm）	58.63	67.95	70.9	59.1	60.5	76.1
7Y（μm）	39.56	43.69	43.7	38.4	40.1	41.0
8X（μm）	54.42	60.8	62.3	54.1	55.5	69.3
8Y（μm）	37.47	39.3	38.4	38.6	38.7	40

由表 5-13 可知，7、8 号轴振随无功、励磁电流的变化较小，满负荷工况下 7、8 号轴振均小于 76μm，在优秀范围之内。

五、结论与建议

发电机转子匝间短路引起的转子热变形故障为汽轮发电机组常见故障，其振动特征为带负荷后，发电机两侧振动同步急剧爬升，振动频谱以一倍频为主，振动变化滞后于励磁电流变化。

通过励磁电流试验可以有效判断发电机存在的缺陷，根据振动随励磁电流变化的时效性，可辨识热变形故障或电气原因故障；通过电气试验进一步确诊为匝间短路故障；电气试验方法为快速查找到短路故障点提供依据，节约了检修时间。该起发电机转子热变形故障诊断和处理经验表明，采用变无功试验、电气试验的方法，可以快速有效地诊断发电机匝间短路故障，为该类故障的诊断和处理提供依据。

[案例 33] **600MW 汽轮机结构共振**

一、设备简介

某厂 4 号机组是东方汽轮机厂设计制造的 N600-24.2/566/566 超临界、一次中间再热、冲动式、单轴、三缸四排汽凝汽式汽轮机。机组主轴分为四段,均为整锻实心转子,分别为高中压转子、A 侧低压转子、B 侧低压转子、发电机转子,机组轴系布置如图 5-13 所示。汽轮发电机组转子刚性连接,双支撑结构,共 9 个支撑轴承。其中 1、2 号轴承为 6 瓦块可倾瓦轴承,3~6 号轴承为座缸椭圆形轴承,7、8 号为椭圆形轴承。推力瓦在中压缸排汽后,工作面在发电机侧,轴系布置如图 5-13 所示。机组配有两台顶轴油泵,分别向 3~8 号轴承供给顶轴油。

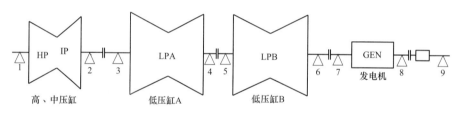

图 5-13 机组轴系布置图

机组于 2015 年 5 月进行通流改造,改造后机组技术出力由 600MW 增容至 660MW。改造由阿尔斯通技术服务有限公司承担设计及制造工作。汽轮机高、中、低压缸通流部分进行了改造,锅炉、发电机及主变压器同步进行适应性改造,涉及低压缸的改造内容如下:

采用新的高、中、低压内缸和转子,内缸设计与现有外部汽缸匹配,低压转子采用焊接式转子结构,低压通流采用反动式设计;采用新的中间汽封体、汽封环(弹簧支撑)和汽封排汽管接口法兰;低压缸采用阿尔斯通高性能反动式通流设计,末级叶片从阿尔斯通成熟的末级叶片系列中选取,并根据实际的排汽容积流量进行优化选型;低压缸除低压末级动叶,其他低压叶片都具有整体围带,并采用预紧安装,运行时能够很好地形成整圈结构;低压缸除末两级外的其他动叶被安装在转子周向的叶根槽内,叶根槽为成熟的双 T 型设计,末两级叶根采用从轴向安装的纵树型;低压静叶和动叶采用合适的材料,具有较好的抗水蚀性,低压末级动叶进汽边外缘采用感应硬化处理,整个表面采用喷丸处理来进一步提高其防水蚀、应力开裂的特性和腐蚀疲劳强度。

二、故障描述

机组改造完成后启动冲转至 3000r/min，各瓦轴振均在 50μm 以下。但在启动过程中，低压缸 B 的 5、6 号瓦振迅速爬升，定速 3000r/min 后，6 号瓦振在 48～70μm 之间跳动，极不稳定，6X、6Y 轴振也随之爬升至 55μm。5、6 号瓦振通频幅值变化曲线如图 5-14 所示。工作转速下 5、6 号瓦振通频幅值分别保持在 89μm（超过报警值 80μm）和 67μm，而 5、6 号轴振均在优秀范围，如表 5-14 所示。

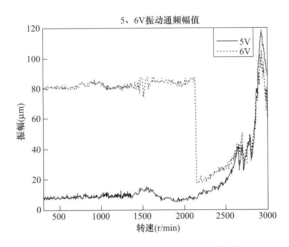

图 5-14　启动过程 5、6 号瓦振曲线

表 5-14　　　　额定转速下动平衡前后各瓦轴振对比（通频值/工频值，μm/μm）

轴振	加重前	加重后
5X	70/62	24/13
5Y	58/54	18/8
6X	65/55	33/13
6Y	53/40	25/8
7X	65/56	27/10
7Y	39/32	24/10

由图 5-14 和表 5-14 可知，该机组的振动故障特征如下：

（1）低压缸 B 的 5、6 号瓦振在 2500r/min 后急剧增大，在接近 2900r/min 时存在明显的非临界转速的共振峰，超过报警值。

（2）5、6 号轴振仍在优秀范围之内，呈现典型的轴振小、瓦振大的特征。

（3）5、6 号轴振的主要频率成分为工频分量，为强迫振动，轴振相对稳定，工频相位也比较稳定。

（4）5、6 号瓦振存在随机、不稳定的振动爬升波动。

（5）增加低压缸进气量，如降低真空，有助于下降瓦振。

三、故障分析

从上述振动特征可知，该机组存在瓦振超标及额定转速附近瓦振共振峰值故障。该机组低压转子的轴承座坐落在低压缸上，低压缸的支撑刚度直接影响轴承座和轴承的刚度。振动缺陷的轴振小，说明来自于转子的激振力小；而瓦振大则说明轴承座和连接轴承座的低压缸的整体刚度偏弱。

低压缸整体结构刚度偏弱是东方汽轮机厂、上海汽轮机厂生产的 600MW 超临界机组普遍存在的问题，会引起低压转子的支撑瓦振动不稳定或在带负荷过程的振动爬升现象。振动缺陷特征为：①汽轮机组低压转子，定速 3000r/min 情况下其轴振动不大，但在带负荷后，其轴瓦轴振动逐渐爬升。②瓦振动大，有时甚至大于轴振动值。③轴振和瓦振存在不稳定现象，随机组工况、时间呈非定常过大的变化。④低负荷工况下，低压转子轴振和瓦振与真空、低压轴封温度、油温有较强的关联性，低真空能使振动好转。⑤凝汽器建立真空时，由于低压缸内压力小于外界大气压，所以低压缸将下沉，位于低压缸上的轴承座也随之下沉，实际运行时常出现轴承座两侧下沉高度不一致的情况，导致轴承油膜刚度变化，引起振动波动。

另外，在临近 3000r/min 附近瓦振存在明显的共振峰，说明有存在结构共振的可能，避开的转速不够，使得在 3000r/min 运行时瓦振会出现一定程度的爬升波动。在改造后，低压转子的质量大幅度增加，低压外缸并未更换，在低压外缸整体结构刚度原本偏弱的情况下，大幅度增加了坐落在低压外缸上的轴承负载，使得轴承的工作工况更为恶劣，低压外缸的变形量更大，结构刚度进一步弱化，易引起结构共振。

针对该类振动缺陷，增加坐落在低压缸上的轴承座和低压外缸的刚度可从根本上解决振动问题，但该方案需要在设计制造阶段就已完成；对于已投运的机组，改变低压缸缸体刚度较为困难，且工期较长。而在现场加筋板、轴承座进行加固措施通常有盲目性，不一定有效。低压缸刚性偏弱引起的振动仍然属于普通强迫振动，既然无法改变系统的刚度，则只有降低其激振力，尽可能降低转子的不平衡质量。可采用精细动平衡的方法，降低转子的质量不平衡量，适当降低低压转子轴瓦的振动量。

四、处理方法

综上分析，该机组存在明显的结构共振和低压缸整体刚度偏弱故障。固有频率由结构的刚度及参振质量决定，现场很难通过改变结构刚度及参振质量来解决结构共振，只能采用精细动平衡降低激振力的方法来削弱共振。

综合考虑机组带负荷的振动情况，在低压发电机对轮上加重 600g∠155°，以同时降低

5～7 号瓦轴振。动平衡后，5～7 号轴振幅值如表 5-14 所示，5～7 号轴振明显下降。同时，5、6 号瓦振也得到了控制，如图 5-15 所示。图 5-15 所示为动平衡后冲转过程 5、6 号瓦振幅值变化曲线，可知在冲转过程中，虽然低压缸 B 的 5、6 号瓦振在 2900r/min 仍存在共振峰，但其幅值已明显下降，不足 60μm。工作转速下 5、6 号瓦振通频幅值分别降低到 23、35μm，通过动平衡降低了激振力，有效抑制了结构共振的幅值。

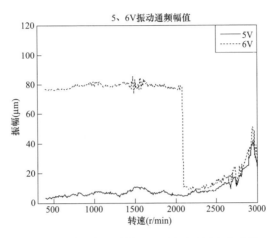

图 5-15　动平衡后冲转 5、6 号瓦瓦振变化曲线

五、结论与建议

　　低压缸整体结构刚度偏弱是国内 600MW 机组普遍存在的问题，机组增容改造后，随着低压转子质量的大幅度增加，而低压外缸却基本未变，使得低压缸易发生结构共振现象。对于已投运的机组，改变低压缸缸体刚度较为困难且工期较长，在现场加筋板、轴承座进行加固措施通常有盲目性，不一定有效果。精细动平衡是现场较为有效的方法，控制转子轴振幅值在一定范围内，能有效抑制低压缸瓦振幅值。

[案例 34] 600MW 汽轮机转动部件脱落

一、设备简介

某电厂 4 号汽轮发电机组为东方汽轮机厂生产的 N600-24.1/566/566-1 型 600MW 超临界、一次中间再热、单轴、三缸、四排汽凝汽式汽轮机。机组主轴分为四段，分别为高中压转子、A 侧低压转子、B 侧低压转子、发电机转子，轴系转子间刚性连接，轴系布置如图 5-16 所示。每段转子均由两个轴瓦支撑，其中 1、2 号轴承为 6 瓦块可倾瓦轴承，3～8 号轴承为椭圆形轴承，每道轴承座 $X(45°)$、$Y(135°)$ 方向各配置一个涡流传感器测量转子轴振。

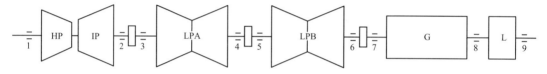

图 5-16　轴系结构布置示意图

二、故障描述

2010 年 3 月 23 日，该机组带 525MW 负荷运行时，在极短的间隔时间振动突然阶跃增大，其中以 5、6 号轴振增大最为明显，振动突变前后的数据见表 5-15。

表 5-15　　　　　　　　　　　某电厂 4 号汽轮发电机组突发振动数据表

参数	传感器位置	振动值 [通频/工频∠相位，单位：μm/μm∠(°)]			
		4 号	5 号	6 号	7 号
负荷为 525MW，7:16	X	42/14∠247	76/58∠51	52/23∠327	36/32∠104
	Y	43/21∠344	77/60∠169	51/32∠54	32/23∠24
负荷为 526MW，7:17	X	45/16∠185	116/99∠54	49/32∠231	32/31∠70
	Y	45/22∠283	116/108∠173	67/49∠7	25/10∠330
两次数据间工频的变化量	X	16∠132	41∠58	41∠197	24∠339
	Y	22∠226	48∠178	36∠326	19∠230

表 5-15 所示数据为低压转子 A 后 4 号轴承，低压转子 B 的 5、6 号轴承，以及发电机前 7 号轴承的振动情况，各轴瓦振动数据为轴振通频值、工频幅值和相位。由表 5-15 可知 4 号机振动以工频分量为主，振动突然变化量也以工频分量为主；$4X$～$7X$ 轴振工频分

别为 16、41、41、24mm，振动突变主要反映在低压转子 B 两端 5、6 号轴承上；振动变化呈阶跃性质，突变后 5、6 号轴振维持在高位且比较稳定。

该机组振动故障具有典型突发性、振动工频分量和一旦发生后即稳定（不随负荷变化）的特征。转动部件（叶片、围带、靠背轮螺栓挡板等）飞落故障、靠背轮错位、发电机热弯曲振动故障都呈现上述振动特征，不利于振动故障的识别。辨别上述故障还需借助振动试验和升降速的数据来验证，如转动部件（叶片、围带、挡风板等）飞落故障对转子的晃度是否有影响，以区分靠背轮移位与转子部件飞脱。

三、故障分析

为了更好地区分和快速识别突发性振动故障因素，提出基于轴系不平衡响应突发性故障的识别方法，通过质量不平衡建模分析，可以快速准确地诊断转动部件飞落、靠背轮错位等故障。

（一）转动部件脱落识别方法

汽轮发电机组轴系上易发生断裂的部件主要有转子叶片、围带、平衡块、靠背轮上的挡风板等部件，可分为转子跨度内、靠背轮两种失重类型来考察。转动部件失重引起轴系振动的变化量是故障诊断的关键，可结合谐分量、影响系数动平衡法，考察失重的不平衡响应特性，推导出失重的位置和质量，并进一步辨识靠背轮错位振动故障。

1. 转子跨度内失重

大型汽轮发电机组都配有振动监测保护系统和汽轮机振动数据采集和故障诊断系统，在各个轴承附近安装 2 个涡流传感器监测机组轴振动。基于谐分量法的汽轮机转动部件脱落方法是根据汽轮发电机组现场的配置振动测试信号来分析建模的，建立的单点质量脱落分析模型如图 5-17 所示。轴承 A 侧和轴承 B 侧处都安装了涡流传感器，谐分量法的现场动平衡平面一般都选在转轴末级叶片加重平面，加重平面位置（A 和 B）的轴向距离为 L。

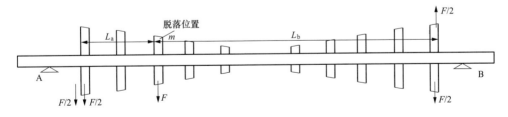

图 5-17　脱落质量轴向定位方法模型示意图

设原始不平衡在轴承 A 和轴承 B 引起的振动矢量分别为 X_{A0} 和 X_{B0}，假设在定转速下在半径为 r 处脱落质量为 m 的一块部件，脱落位置与末端加重平面 A、B 的距离分别为 L_a 和 L_b。使得转子振动发生变化，反映在轴承 A 和轴承 B 产生新的合成振动分别为 X_{A1}

和 X_{B1}。因质量为 m 的部件脱落在轴承 A 和轴承 B 上产生的振动变化量分别为 ΔQ_A 和 ΔQ_B，则有

$$\begin{cases} \Delta Q_A = X_{A1} - X_{A0} \\ \Delta Q_B = X_{B1} - X_{B0} \end{cases} \tag{5-1}$$

振动变化量的同相分量 A_d 和反相分量 A_f 为

$$\begin{cases} A_d = \dfrac{1}{2}(\Delta Q_A + \Delta Q_B) = |A_d| \angle \alpha \\ A_f = \dfrac{1}{2}(\Delta Q_A - \Delta Q_B) = |A_f| \angle \beta \end{cases} \tag{5-2}$$

如图 5-16 所示，质量为 m 的脱落部件在与脱落位置相反的方向引起了一个附加离心力 F。根据力平移原理，力 F 等效于加重平面 A 处的 $2 \times \dfrac{1}{2}F$ 和力偶 $F \times L_a$，可认为在平面 B 处有方向相反、大小相同的力 $\dfrac{1}{2}F$，这样在平面 A、B 就形成了同相分量力 $\dfrac{1}{2}F$ 和反相分量的力偶 $\dfrac{1}{2}F \times (L - 2L_a)$。

根据谐分量法，工作转速下转子的振动分解为同相（对称）分量和反相（反对称）分量振动，同相分量由转子的一阶不平衡引起，振动的反相分量由转子的二阶不平衡（力偶不平衡）引起，且符合正交关系，因此得到同相加重质量和反相加重质量。

同相加重质量为

$$\dfrac{1}{2}F \propto \dfrac{1}{2}M_d = \dfrac{1}{2}\dfrac{A_d}{K_d}$$

即

$$M_d = \dfrac{\Delta Q_A + \Delta Q_B}{2K_d} \tag{5-3}$$

反相加重质量为

$$\dfrac{1}{2}F \times (L - 2L_a) \propto \dfrac{1}{2}M_f \times \dfrac{L - 2L_a}{L} = \dfrac{1}{2}\dfrac{A_f}{K_f}$$

即

$$M_f = \dfrac{\Delta Q_A - \Delta Q_B}{2K_f} \times \dfrac{L}{L - 2L_a} \tag{5-4}$$

式中：M_d 和 M_f 分别为同相和反相质量；K_d 为加重平面 A、B 处的同相分量影响系数；K_f 为加重平面 A、B 处的反相分量影响系数，可选用机组现场动平衡经验影响系数。

根据谐分量法动平衡原理，由式（5-3）和式（5-4）及影响系数数据得出：如果飞脱质量 m 在靠 A 轴承侧，则 B 轴承侧的合成质量为零，$(M_d)_B$ 和 $(M_f)_B$ 的幅值相等，角度差 $180°$。得到

$$\alpha - \beta = 90° \tag{5-5}$$

叶片飞脱轴向位置：

$$L_a = \frac{1}{2}\left(1 - \left|\frac{K_d}{K_f}\frac{A_f}{A_d}\right|\right) \times L \tag{5-6}$$

如果飞脱质量 m 在靠 B 轴承侧，则 A 轴承侧的合成质量为零，$(M_d)_A$ 和 $(M_f)_A$ 的幅值相等，角度差 180°，得到

$$\alpha - \beta = -90° \tag{5-7}$$

叶片飞脱轴向位置为

$$L_a = \frac{1}{2}\left(1 + \left|\frac{K_d}{K_f}\frac{A_f}{A_d}\right|\right) \times L \tag{5-8}$$

叶片脱落质量的计算公式为

$$m = M_d + M_f \tag{5-9}$$

由式（5-5）~式（5-9）可知，运行中突发叶片飞脱故障应满足 α 与 β 成正交关系的条件。$\alpha - \beta = 90°$ 说明飞脱质量靠 A 轴承，其轴向位置由式（5-6）计算得出；$\alpha - \beta = -90°$ 说明飞落质量靠 B 轴承，其轴向位置由式（5-8）计算得出。

2. 转子靠背轮失重

靠背轮失重已在图 5-16 分析模型的跨度外，同理可进行建模分析，但也可以借助式（5-6）和式（5-8）来计算，即把图 5-16 中转子跨度两端的轴承换成靠背轮两端轴承计算，这样靠背轮失重就变成为靠背轮两端轴承的中间失重，由式（5-6）得出对轮失重计算式为

$$\left|\frac{K_d}{K_f}\frac{A_f}{A_d}\right| = 0 \tag{5-10}$$

3. 工程适用性说明

在实际工程应用中，由于轴承各向异性、影响系数分散度影响、数据选取及油膜力非线性等因素影响，上述公式还需相应地规定适用条件和修改。α 和 β 相位并不完全为正交关系时，如果 α 和 β 相位误差范围在 30° 内，可以适用式（5-6）和式（5-8）；如果 α 和 β 角度的正交关系很弱，且不存在同相分量为主或反相分量为主的情况下，则可以排除叶片飞脱的可能性。如果计算出额定转速的振动变化量同相分量比较小，计算误差会比较大，可以选取过临界转速同相分量作为计算依据。

当叶片飞落在加重平面两端时，即 $\left|\frac{K_d}{K_f}\frac{A_f}{A_d}\right| = 1$，一般机组的反相分量影响系数是同相分量影响系数的 5 倍，则振动变化量反相分量 $|A_f|$ 是振动同相分量 $|A_d|$ 的 5 倍。当叶片飞落在转子中部时，即 $\left|\frac{K_d}{K_f}\frac{A_f}{A_d}\right| = 0$，则 $|A_f|$ 为零，实际工程中，$|A_f|$ 不一定为零，只要 $|A_d|$ 远大于 $|A_f|$ 即可，即振动变化量以同相分量为主。

4. 靠背轮对轮移位故障识别

靠背轮失重对靠背轮两端轴承的不平衡响应为同相分量为主，振动变化量的反相分量

接近于零；而靠背轮移位故障时，对靠背轮两端轴承振动影响为反相分量，振动变化量的同相分量接近于零。这个结论可用来辨识靠背轮失重和靠背轮移位故障。

（二）机组故障诊断计算

由该机组振动特征可知，低压转子 B 的失重可能性比较大。因此计算低压转子 B 失重的位置和质量，来判断低压转子 B 上叶片断裂或围带脱落的可能性。

表 5-15 已列出各轴瓦工频振动变化量 ΔQ，ΔQ 由式（5-1）计算得到，再计算其振动分量的 A_d 和 A_f。

由式（5-2）得出 X 方向振动分量为

$$A_d = 14.35 \angle 127.5，A_f = 38.4 \angle 37.5$$

同理 Y 方向的振动分量为

$$A_d = 12.9 \angle 225.5，A_f = 40.4 \angle 164.3$$

X 方向的 A_d 和 A_f 的相位差为 $\alpha - \beta = 90°$，Y 方向的 A_d 和 A_f 的相位差为 $\alpha - \beta = 62°$，可知振动变化量的同相分量和反相分量成正交关系，符合式（5-5）的判据，低压转子 B 存在叶片断裂或部件脱落。

再由式（5-6）可知转动部件可能的脱落位置如下：

（1）由 X 向振动变化量计算，$L_a = 0.23L$。

（2）由 Y 向振动变化量计算，$L_a = 0.19L$。

根据式（5-3）、式（5-4）和式（5-9）计算：$m = 0.537 \sim 0.716 \text{kg}$。

计算得出，脱落位置靠近低压转子 B，距离 5 号轴瓦加重平面为 $0.2L$ 左右，为低压次末级叶片位置；脱落质量为 $0.537 \sim 0.716 \text{kg}$，600MW 机组一只次末级叶片质量约为 7.8kg，脱落质量比较小，应是叶片围带部件。

综合上述分析，该电厂 4 号机组突变振动增大诊断为低压转子 B 靠 5 号轴瓦次末级围带飞落，飞落质量约为 $0.537 \sim 0.716 \text{kg}$。

四、处理方法

根据上述分析结论，结合电厂检修计划，安排进行汽轮机低压缸开外缸检修，发现低压转子 B 靠近 5 号轴瓦次末级编号为 23 的叶片围带飞落，飞落质量为 0.55kg（见图 5-18），与应用诊断方法分析计算得出的结果完全一致。更换叶片后启动正常。

五、结论与建议

该电厂 600MW 超临界机组突发振动故障，通过应用转动部件脱落识别方法精确快速地诊断为低压次末级围带断裂飞落故障，诊断分析的计算结果与开缸检修结果完全一致。

应用运行中的大型汽轮发电机组的振动监测系统，结合谐分量、影响系数动平衡法，

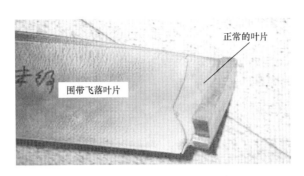

图 5-18　围带脱落的叶片形貌

建立了转动部件脱落故障轴向位置精确定位和质量计算公式，可快速有效地诊断叶片、围带等转动部件脱落和靠背轮错位故障，可以直接根据振动变化量的反相分量与同相分量的比值判断失重的位置。振动变化量反相分量是振动同相分量的 5 倍，转动部件脱落在加重平面两端；振动变化量以同相分量为主，反相分量接近零，转动部件脱落在转子中间位置。

[**案例 35**] 　　**同轴燃气-蒸汽联合循环机组油膜振荡**

一、设备简介

某电厂 1 号燃气-蒸汽联合循环发电机组选用美国 GE 公司生产的 PG9315FA 型燃气轮机、D10 型三压有再热系统的双缸双流式汽轮机、390H 型氢冷发电机。燃气轮机、蒸气轮机和发电机刚性串联在一根长轴上,燃气轮机进气端输出功率,轴配置为 GT-ST-GEN(燃气轮机-汽轮机-发电机)转速 3000r/min。燃气机组主轴分为四段,即压气机转子、高中压转子、低压转子、发电机转子,均为整锻实心转子,每段转子均由两个径向轴瓦支撑,轴系布置如图 5-19 所示。1、3、4、5 为六瓦块可倾瓦轴承,2、6、7、8 为椭圆瓦轴承,推力瓦在 1 号轴承处。

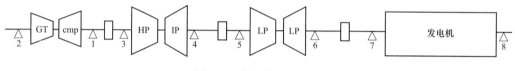

图 5-19　轴系布置示意图

二、故障描述

1. 油膜涡动现象

该机组为我国首台单轴 9F 重型燃气轮机。在冲管初期,燃气轮机定速 3000r/min。一段时间后,高中压转子的 3、4 号轴振间断性出现低频分量,但其分量都还比较小,且会在运行一段时间后消失。随着燃气轮机持续运行,3、4 号轴振始终间断性出现较大的低频分量振动,曾多次发生 3 号轴振突然出现较大振动,因超过自动停机值而被紧急停机的情况,使得机组无法正常运行。

机组出现低频都是在定速 3000r/min 后,历次振动故障的重复性比较好。6 月 5 日,第一次冷态开机,8 时 54 分到 3000r/min,刚到 3000r/min 时 3、4 号轴振基本以工频为主。到 9 时 08 分,3Y、3X、4Y、4X 振动出现来回波动现象,具体见 3Y、4Y 的趋势图(图 5-20 和图 5-21)。对 3Y 进行频谱分析,3Y 轴振中 25Hz 的分量达到 115μm,而工频分量 50Hz 成分仅为 67μm(见图 5-22),4Y 的半频分量也远远超过工频分量(见图 5-23)。3、4 号轴振在半频分量的作用下来回跳跃,表现出较为明显的油膜半速涡动特征,约经过 40min 半频分量消失,振动平稳。

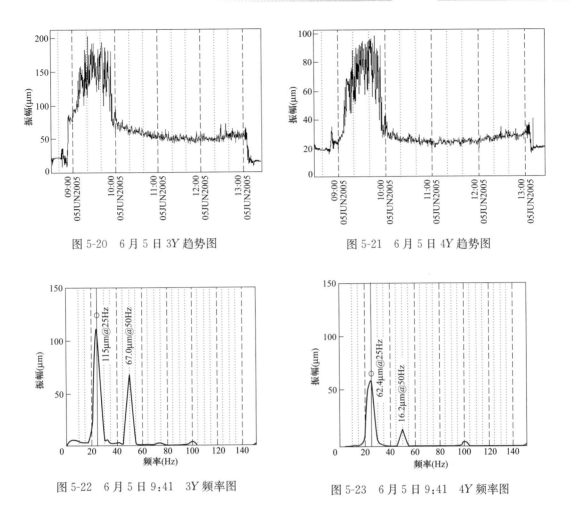

图 5-20　6 月 5 日 3Y 趋势图　　　　图 5-21　6 月 5 日 4Y 趋势图

图 5-22　6 月 5 日 9:41　3Y 频率图　　　　图 5-23　6 月 5 日 9:41　4Y 频率图

2. 油膜振荡现象

油膜振荡是由于滑动轴承中的油膜作用而引起的旋转轴的自激振动，它是由油膜涡动在一定条件下发展而成的，属于同一本源的物理现象。当条件成熟时，油膜涡动就会发展成为油膜振荡。7 月 1 日，燃气轮机的油膜涡动就发展成为油膜振荡。燃气轮机于 7 月 1 日 17:56 转速达到 3000r/min，18:26 3、4 号轴振急剧增大，如图 5-24 和图 5-25 所示。图中虚线为工频分量，实线为通频值。从图 5-24 和图 5-25 可以看出，发生油膜振荡后，振动不再以工频为主，且不存在油膜涡动时振动来回跳跃的情况，振动维持在高位。

根据频谱分析，3Y 振动的 24Hz 分量为 150μm，而 50Hz 分量为 50.9μm，24Hz 分量已经明显超过了工频分量；4Y 振动的 24Hz 分量为 139μm，而 50Hz 分量仅为 13.8μm（见图 5-26 和图 5-27）。23Hz 为高中压转子一阶临界转速，转子的振动主频率以一阶临界转速为主。高中压转子轴心轨迹不再是一个椭圆，而是非常紊乱的图形，见图 5-28 和图 5-29。只有把转速降到 2700r/min，油膜振荡才基本消失，可见 2700r/min 为其失稳转速下限，约为临界转速的两倍。

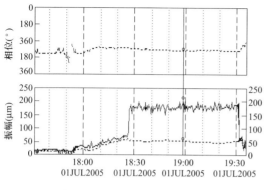

图 5-24 7 月 1 日 3Y 趋势图

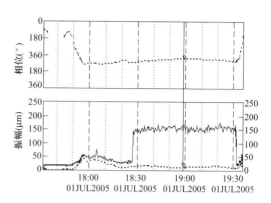

图 5-25 7 月 1 日 4Y 趋势图

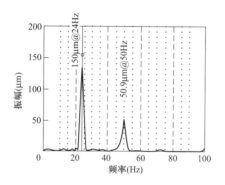

图 5-26 油膜振荡时 3Y 频谱图

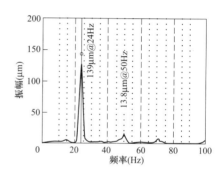

图 5-27 油膜振荡时 4Y 频谱图

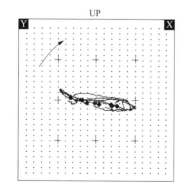

图 5-28 油膜振荡时 3 号轴承轴心轨迹

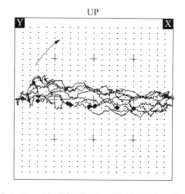

图 5-29 油膜振荡时 4 号轴承轴心轨迹

三、故障分析

1. 润滑油温对机组振动的影响

高中压转子的油膜半速涡动基本上都发生在冷态开机，当时润滑油温一般为 39℃；当燃气轮机运行一段时间后，半速涡动消失（见图 5-20 和图 5-21），此时油温一般为 46℃ 以上。可见在早期，改变润滑油温对控制半速涡动是有效的。但在 7 月 1 日发生油膜振荡，把润滑油温提高到 50℃，对消除低频振动没有任何效果。

2. 可倾瓦稳定性分析

高中压转子 3、4 号轴承为六瓦块可倾瓦轴承，每个轴承由上下各 3 块可倾瓦构成，这些瓦块可以绕支点随着轴颈的运动做微小摆动，以适应相应的工作位置。每个瓦块都能形成收敛的油膜，使每个瓦块上产生的油膜力都通过支点和轴颈中心。这种结构是目前稳定性最佳的一种轴瓦。

在考虑支点弹性、油膜阻尼、瓦块摆动的惯性和支点处的摩擦阻力的可倾瓦轴承，存在着交叉刚度，仍然会产生使转子发生油膜涡动的切向分力。另外，瓦块支点在偏转方向的刚度也不完全相同，这些都会对瓦的稳定性产生影响。因此，对瓦的安装和检修有严格的要求。如果由于扬度、轴瓦紧力、轴承标高、轴承载荷等的调整不当使其交叉刚度和阻尼关系发生变化，当外界扰动力足够大时，油膜力的方向就可能发生偏移，从而产生切向分力使轴承失稳。所以可倾瓦轴承存在一定的失稳可能性。

在高中压转子刚刚失稳时，3 号轴承的间隙电压从平均 −7.28V 减少到 −7.18V，之后间隙电压持续减少到 −6.95V，4 号轴承的间隙电压也存在类似变化。这说明在高中压转子油膜振荡过程中，高中压转子被抬升，使轴颈更加偏离平衡位置。在计入瓦块的惯性及瓦块支点的弹性和摩擦力，轴颈在瓦中偏离中心位置较远时，远离的瓦块会因为动压力的丧失出现颤振，从而大大降低轴承的稳定性。

四、处理方法

由上述分析可知，立足于轴承是消除油膜振荡最基本的和最主要的手段。在现场调试工期比较紧的情况下，应尽量采取现场检修能够处理的方法。在 6 月中旬采取了以下几种处理方式：

（1）提高 3、4 号轴承标高 0.130mm，增加轴承的承载负荷。

（2）3 号瓦向右调整 0.3mm，4 号瓦向右调整 0.02mm。

（3）汽轮机轴系中心进行重新找正，低压转子和高中压转子解体后中心存在较大偏差，低压转子偏右 100μm，高中压转子偏高 100μm。对整个轴系的转子进行重新找正，将偏差限制在合格范围之内，防止轴颈偏离瓦块太远。

但采取上述措施的效果不明显，反而使油膜涡动发展成油膜振荡。因此不得不对轴瓦进行改造，采取了以下措施：

（1）对 3、4 号轴承下半 3 块瓦，左右两边各减少 2cm 的轴瓦工作面宽度，增大轴承比压，提高轴承稳定性，见图 5-30。

（2）加大 3、4 号轴承的进油量。对 3、4 号上半轴承顺转动方向左侧进油孔从 20mm 增大到 25.4mm，右侧的进油孔未加大（见图 5-31）。依靠润滑油挤压轴颈来增加稳定性，同时通过加大油量来减少轴承的温升。

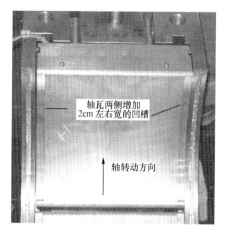

图 5-30　轴瓦有效工作面减少 2cm

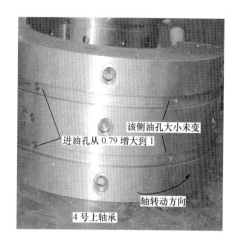

图 5-31　轴承油孔增大

轴瓦改造后，燃气机组启动后在低负荷情况下连续几十小时的振动监测显示，3、4 号轴振无低频成分出现，基本上以其工频振动为主（见图 5-32 和图 5-33），图中虚线为工频分量，实线为通频值。燃气机组在正常运行条件下，油膜振荡已经得到有效控制。

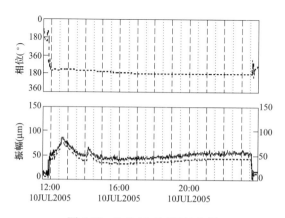

图 5-32　7 月 10 日 3Y 趋势图

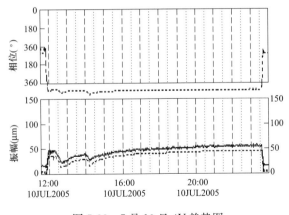

图 5-33 7 月 10 日 4Y 趋势图

五、结论与建议

该燃气机组的振动故障为典型轴系失稳故障，前期表现为油膜涡动，后期发展为油膜振荡。机组实测高中压转子的一阶临界转速为 1380r/min，工作转速超过 2 倍一阶临界转速，客观上具有发生油膜涡动和油膜振荡的条件。出现的可倾瓦轴系失稳故障，说明其设计的轴系稳定裕度过低，系统阻尼不够。

立足于轴承是消除油膜振荡最基本的方法，通过减少可倾瓦轴承工作面宽度，增大轴承比压，来提高轴承的稳定性；通过扩大 3、4 号轴承的进油孔径，增加进油量，来减少轴承的温升。虽然从理论上说可倾瓦是目前稳定性最佳的轴承，但轴承的实际稳定性能与现场的安装、轴系的设计仍有很大关联性，当扰动力足够大且轴承阻尼不够时，仍可能发生油膜涡动和油膜振荡。

一、设备简介

某厂 10 号汽轮发电机组选用东方汽轮机厂生产的 N300-16.7/538/538 型亚临界、单轴、双缸双排汽、一次中间再热、单背压凝汽式汽轮机，高中压合缸，低压缸为对称分流，2008 年 4 月年投入商业运行。机组共有 6 个支撑轴承，1 个独立结构的推力轴承，1~4 号轴承为椭圆轴承，单侧进油，另一侧开有排油孔，上瓦开周向槽，发电机 5 号、6 号轴承为椭圆瓦。机组轴系如图 5-34 所示。

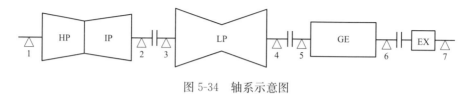

图 5-34　轴系示意图

为了响应国家节能减排相关政策，降低机组热耗，提高经济性，延长机组使用寿命，2014 年由东方汽轮机厂进行了汽轮机本体的通流改造。具体改造范围如下：

（1）高压喷嘴组改造。为满足增容至 330MW 负荷时高压缸通流能力的要求，调节级喷嘴及各压力级通流面积整体放大，且将位于喷嘴出口处的防旋挡板切除。

（2）机组扩容增流，将对转子强度提出更高要求，改造中将高压缸第 2~9 级隔板和动叶片进行更换。

（3）对汽轮机高中压缸、低压缸进行汽封、轴封结构和径向间隙优化设计改造。包括高中压过桥汽封、高中压隔板汽封及高压后第 5 道轴封（最内侧）采用布莱登汽封；高压叶顶汽封由原来镶嵌汽封片的结构改为具有退让功能的装配式 DAS 汽封；高中压后轴封（除高压第 5 道轴封外）采用蜂窝汽封；低压前、后轴封及低压隔板汽封采用蜂窝汽封。

通流改造后，机组额定功率增加至 330MW，高压缸通流级数为 1 调节级＋8 压力级，高压转子一阶临界转速为 1790r/min。主蒸汽、再热蒸汽的温度、压力保持不变，高压主汽门、高压调节汽门（CV）、高压缸排汽口、中压联合汽阀位置不变，各轴承安装位置不变，联轴器连接方式和位置不变。

二、故障描述

机组改造前带 300MW 满负荷时，1、2 号瓦振动在 30μm 以下。改造完成后机组于

2014 年 3 月 18 日首次冲转至 3000r/min，1、2 号瓦振动均在 70μm 以下。3 月 23 日 13：34 机组带负荷至 291MW 时，1X、2X 由 57、66μm 突然增大到 131、125μm。此时各调节汽门的开度分别是 CV1 为 99.8％，CV2 为 99.0％，CV3 为 22.3％，CV4 为 1.6％。3 月 24 日，16：19 带负荷 300MW，10 号主机再次出现突发性振动，1X、2X 分别达到 201、198μm，机组跳闸。测得的 1X 频谱图如图 5-35 所示。

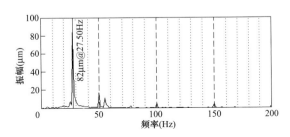

图 5-35 290MW 负荷 1X 频谱图

之后将阀序由 1-2-3-4 调整为 1-2-4-3，阀序位置如图 5-36 所示（汽轮机向发电机看），高压调节汽门 CV4 限制为 40％。3 月 25 日 13：27，机组负荷为 284MW，主机 1X、2X 振动突升至 224、166μm，降负荷后振动恢复，可见调整阀序未取得预期效果，机组无法在高负荷工况下稳定运行。

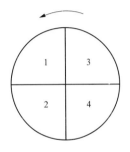

图 5-36 调节级喷嘴布置示意图

为进一步明确机组振动故障，同时检测振动与负荷及高压调节汽门阀位开度的关系，安排做振动测试试验。维持机组主要参数不变，即主蒸汽压力/温度为 15.1MPa/534℃，润滑油压/油温为 0.16MPa/43.9℃。

（1）CV1、CV2 保持 99.6％和 99％开度不变，CV3 强制全关，将 CV4 由 37％开至 48％时，机组 1、2 号瓦轴振随即发生突增。

（2）CV1、CV2 保持 99.6％和 99％开度不变，CV4 开度限制在 40％，将 CV3 由 22％开至 27％时，机组 1、2 号瓦轴振再次突增。具体数据见表 5-16。

表 5-16　　　　　　　　3 月 25 日振动试验测试数据（单位：μm）

负荷（MW）	CV3	CV4	1X	1Y	2X	2Y
301	0	37％	34	18	45	27
301	0	48％	188	79	139	57
310	22％	40％	35	19	49	27
310	27％	40％	184	100	158	67

振动现象和试验结果显示，机组故障发生时有以下特征：

（1）机组带高负荷时，某一瞬间振动会出现突增，幅值变化最高达到 100μm 以上，减负荷后振动可恢复，有较好的重复性；振动突变有门槛负荷。

（2）振动突增频率为 27.5Hz 左右，接近高中压转子的临界转速。

（3）阀门开度试验表明，低频分量的出现与高压调节汽门开度有明确关联，当 CV3、CV4 开度达到一定幅度时，低频分量会突然出现，速关该高压调节汽门低频分量则瞬间消失。

（4）现场调整润滑油温、主蒸汽参数等对振动无明显影响；调整阀序后，对低频振动的抑制效果也不明显。

三、故障分析

机组带高负荷阶段 1、2 号轴承突发低频振动，速关高压调节汽门 CV3 或 CV4 减负荷后，低频分量消失，振动特征及其变化规律都表明高中压转子发生了汽流激振故障。究其原因，一方面，机组通流改造将容量增至 330MW，改造后蒸汽通流面积增大，蒸汽流量的提高使得汽流激振力增大；且改造中为了最大限度地提高通流面积，切除了防旋挡板，也增加了汽流激振的可能性。另一方面，对高中压转子动叶片、隔板及汽封的更换，完全改变了机组之前的间隙水平，破坏了转子所受激振力与阻尼间的平衡状态。另外，从机组运行参数看，1 号轴承的瓦温比 2 号瓦低 13℃ 左右，如在 300MW 负荷时 1 号轴承瓦温为 69℃，2 号瓦温为 82.4℃，说明 1 号轴承部分承载或轻载，稳定性偏弱。正是因为 1 号轴承的部分承载使得高中压转子的临界转速可能有所降低，落入 1650r/min（27.5Hz）左右，使得高中压转子以 27.5Hz 的固有频率发生激振。

对于汽流激振的处理主要从两方面着手，即减小汽流激振力和提高转子-轴承系统的稳定性。要从根本上减小汽流激振力一般需要从优化配汽方式、改变汽封结构或布置、调整叶顶间隙等来考虑。然而对汽封的重新调整很可能会降低机组效率，达不到通流改造的预期目的，同时受工期限制，也不具备开缸条件。

提高系统稳定性一般考虑增大轴承比压、减小轴瓦间隙、提高润滑油温、增加阻尼、更换稳定性轴承等。增加轴承比压一般通过抬高轴承标高或减小轴瓦工作面宽度来实现。抬高轴承标高虽然可以提高该轴承的比压，但也会使相邻轴承的比压减小；同时轴承标高的变化会使转子在汽缸内的位置发生变化，或使间隙不均的情况恶化，从而可能导致汽流激振故障加剧，虽可以同步抬升汽缸，但现场操作存在误差，不好掌控。

另外现场实际改变蒸汽参数、调整阀序提高润滑油温等常规手段也未能取得实际效果，而更换稳定性轴承则是迫不得已才会采用的措施，分析认为调整间隙、增加阻尼、减小轴瓦工作面具有实际操作性。

四、处理方法

根据上述分析和机组轴承的结构形式，处理思路为：①减小 1 号轴瓦工作面，增大比压。②改变供、回油方式，即将 1 号轴承的单侧进油改为双侧进油，加大轴承进油量，依靠润滑油挤压轴颈，来增加稳定性，同时加大进油量可减少轴承温升。③封堵上瓦周向槽减小回油量，同时可以起到类似减小轴承顶隙的效果。

1. 对 1 号轴承的处理

（1）将 1 号轴承轴瓦工作面在现有的基础上减宽 5mm，经计算其轴承比压将增加 0.9kg/cm^2，提高至 14.4kg/cm^2。

（2）封堵 1 号轴承上瓦乌金槽（见图 5-37），在 1 号轴承下瓦的挡油环处封堵 4 个回油孔，并在机侧加挡油环。在 1 号轴承箱外挡油环内侧增开两个卸油槽，孔径与原有槽相同。

（3）在 1 号轴承进油管滤网后开孔，孔径为 $\phi25$，并新增接管至原 1 号轴承排油口位置，使得原排油口变为进油口（见图 5-38），原 1 号轴承中分面两个油孔径均改为 $\phi23$。

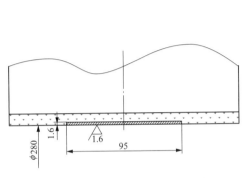

图 5-37　封堵 1 号轴承上瓦乌金槽

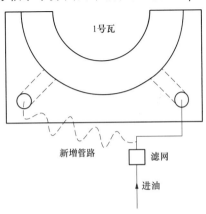

图 5-38　1 号轴承进油方式改造

2. 对 2 号轴承的处理

（1）将 2 号轴承原 101×1.6 的乌金槽单边各补起 25mm 宽，再将槽深由原来的 1.6mm 加工至 3.2mm，见图 5-39。

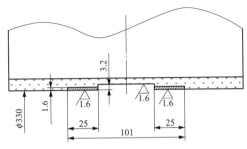

图 5-39　封堵 2 号轴承上瓦乌金槽

（2）封堵 2 号轴承下瓦排油孔，在轴承电动机侧增设 L 形挡油环。

（3）2 号轴承解体后发现下瓦底部略有磨损划痕，对划痕处修刮平滑并将轴承顶隙调整至接近设计下限。

改造完成后，1、2 号轴承按解体前间隙数据进行复装。处理后，机组定速 3000r/min 振动良好，在满负荷工况下做机组 1、2 号轴承振动试验，结果显示在负荷为 330MW 时，CV3、CV4 任意开启均不会造成 1、2 号瓦振动增大（见表 5-17），机组振动得到有效控制。

表 5-17　　　　　　　　　　　　处理后机组振动（单位：µm）

工况	1X	1Y	2X	2Y
3000r/min	30	20	47	29
330MW	22	32	50	30

五、结论与建议

蒸汽激振力近似正比于机组的出力，机组增容改造势必增大作用在高中压转子上的汽流力，蒸汽参数的提高会使得汽流力对动静间隙、密封机构及转子与汽缸对中的灵敏度提高，在轴承阻尼等其他参数不变的情况下，发生汽流激振故障的可能性将随之增大。

从根本上消除汽流激振力需要改变配汽方式、汽封结构或调整间隙等，而提高轴瓦稳定性是现场消除激流故障的重要手段。本案例中所实施的改变供油方式、减宽轴瓦工作面及封堵上瓦周向槽取得了显著效果，彻底消除了汽流激振故障。随着电力行业的发展，大容量机组也将进行增容改造，可参考本案例介绍的汽流激振故障处理措施在通流改造过程中可以同步实施，增加轴系的稳定性裕量，避免出现同样的故障而影响工期，降低机组的利用率。

1000MW 汽轮机组轴承座刚度不足导致振动

一、设备简介

某电厂机组选用上海汽轮机厂按德国西门子公司技术生产的超超临界 1000MW 机组，型号为 N1000-26.25/600/600(TC4F)，发电机型号为 THDF 125/67。机组轴系由高压转子、中压转子、两根低压转子、发电机转子和励磁机转子组成。各转子之间均采用刚性联轴节连接，汽轮机转子由五个径向椭圆轴承支撑，高压转子为双支撑结构，中压转子和两根低压转子为单支撑结构，发电机与励磁机转子为三支撑结构，具体轴系布置如图 5-40 所示。

机组配有一套瑞士 Vibmeter 公司生产的 TSI 系统 VM600，可连续采集机组轴系各轴承处轴振、瓦振、转速、轴向位移等参数。在每个轴承座 45°方向布置两个加速度传感器，测量轴承座振动；另外在每个轴承座 45°(X)、135°(Y) 方向各配置一个涡流传感器，测量转子轴振。

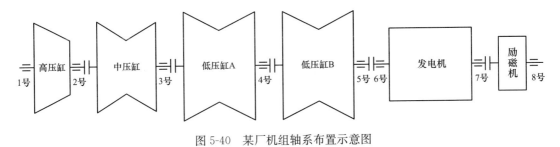

图 5-40　某厂机组轴系布置示意图

二、故障描述

该机组于 2009 年 4 月 11 日 6:13 首次冲转至 3000r/min，刚到 3000r/min 时，各瓦轴振和瓦振见表 5-18。可知 5、6 号轴振超过优良值，5X 轴振已有 105μm，4 号瓦振已超标，但 4 号轴振仍然在优良值，仅为 54μm。随后机组定速做电气试验期间，4 号瓦振、轴振缓慢爬升，至 8:45，4 号瓦振爬升至 11.8mm/s（跳闸保护定值）而跳闸。

在之后的运行中，4 号瓦振无法稳定，在定速时始终出现波动爬升，多次爬升到保护定值导致机组跳闸。4 号瓦振爬升至跳机的时间短则几小时，最长能够运行时间不超过 12h。4 号瓦振大的问题已严重威胁到机组的安全运行，如不处理和解决则机组无法正常投运。4 号瓦振大故障成为制约机组安全生产的重大技术限制因素。

表 5-18　　　　　汽轮机首次 3000r/min 振动（轴振单位：μm，瓦振单位：mm/s）

振动	1 号	2 号	3 号	4 号	5 号	6 号	7 号	8 号
轴振 X	38	78	45	54	105	94	77	69
轴振 Y	19	76	37	40	64	41	55	36
瓦振 A	0.8	2.4	3.4	8.0	1.6	2.7	2.8	1.0
瓦振 B	0.9	2.3	2.4	7.7	1.9	2.6	2.8	1.3

4 号轴振和瓦振都以工频分量为主，属于强迫振动范畴，振动爬升增加的幅值也以工频分量为主。4X 轴振值由最初的 $70\,\mu m$ 爬升至 $120\,\mu m$ 甚至更高，瓦振的爬升由最初的 $8.0mm/s$ 爬升至 $11.8mm/s$ 跳机值。爬升过程中轴振和瓦振的相位基本未变，属于工频失稳问题。

三、故障分析

为了解和分析 4 号瓦振爬升故障特征，安排相关振动试验。

首先进行轴承座外特性试验。西门子机组的 3～5 号轴承均为落地式轴承座，在 4 号瓦振为 $10.2mm/s$ 时，对 4 号轴承座进行了刚度外特性试验，试验结果见图 5-41。可知轴承座垂直方向振动都很大，均在 $115\,\mu m$ 以上，两侧基础的振动在 $30\,\mu m$ 左右。4 号轴承座的差别振动很小，说明部件的连接状况不存在问题，转子振动的强迫力已全部传递到轴承座上。轴承座图示各测点的水平方向振动、轴向振动都比较小。

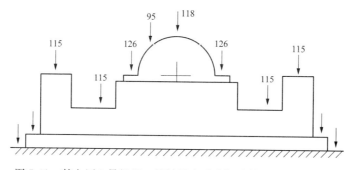

图 5-41　某电厂 7 号机组 4 号轴承座垂直振动数据（单位：μm）

随后进行运行参数调整试验。机组在升降速中，4 号瓦振在 2760、2940r/min 有振动峰值，为验证 4 号轴承座是否存在结构共振，进行了提升转速试验，并进行运行参数调整试验。

转速提升至 3030r/min，4 号瓦振和轴振也始终在爬升，转速提升至 3050r/min，瓦振逐渐稳定。3050r/min 时，4 号瓦振较 3030r/min 稳定，且在小转速变化扰动下，说明提高转速初期效果能使瓦振下降一些，但下降的幅度非常有限，且轴振无变化，稳定在更高转速时，瓦振仍然会出现波动。

进行变油压试验。将润滑油压由 0.36MPa 提高至 0.46MPa，4 号瓦振由 9.5mm/s 下降至 9.0mm/s。油压始终维持在 0.46MPa，4 号瓦振在 9.0mm/s 运行了近 5h 后，瓦振又开始爬升，油压变回 0.32MPa，对瓦振也无改善。说明油压改变只是对振动的一个小扰动，有时可能会改善瓦振，但无必然联系。

进行变真空试验。凝汽器真空由 4/5kPa 下降至 8/9kPa，4 号瓦振由 9.9mm/s 改变至 10.3mm/s；将真空恢复，振动由 10.3mm/s 恢复到 9.8mm/s，轴振基本不变，真空对瓦振、轴振的影响也无明显关联。

根据振动理论，转子-轴承系统的振动取决于激振力和轴承的动刚度影响。在线性系统中，转子系统轴振的振幅与转子的激振力成正比，与它的油膜刚度成反比；转子-轴承系统瓦振的振幅与转子的激振力成正比，与它的动刚度成反比。动刚度是总的刚度系数，包括油膜刚度、轴承座和基础动力特性。

由振动数据和试验可知，在额定转速下运行，轴振和瓦振的工频相位基本不变，其转子激振力的位置基本不变，转子的不平衡量基本不变，引起工频的幅值持续缓慢上升的可能原因为轴承座整体动刚度缓慢下降或存在结构共振。而引起轴承座整体动刚度下降的因素有油膜刚度下降、轴承座连接刚度下降，轴承座动力特性变差。在轴振爬升过程中，间隙电压基本不变，说明油膜的厚度没有变化，且油温也没有变化，可以认为轴承的油膜动力特性没有变化。轴承座外特性试验表面轴承座的连接刚度也不存在问题。运行参数调整试验表明，外界的小扰动能使瓦振变化，对轴振没有影响，但不能改变瓦振整体爬升的趋势。转速试验表明，并不存在轴承座结构共振。

由上述分析可知，4 号瓦振、轴振爬升的最可能因素为轴承座动力特性变差，轴承座在安装质量方面存在一定的问题，使得轴承座动刚度下降。

四、处理方法

由上述分析可知，4 号轴振和瓦振是同步上升的，而振幅变大后，4 号轴振和瓦振不再同步变化。因此 4 号轴承座振动问题处理手段要采取两个方面措施：①降低轴系的激振力，通过动平衡处理降低轴振。②提高轴承座的动刚度，对轴承座刚度的接触面、间隙进行详细检查。根据调试进度和电厂要求，合理制定治理措施。

1. 轴承座检修处理情况

2009 年 4 月中旬，安排 4 号轴承座检修，轴承座在安装方面确实存在不少问题：①有几处轴承安装间隙超出厂家要求范围。②轴承座瓦枕底部调整块有一贯穿的划伤痕迹，宽度约为 2mm，深度为 0.5mm 左右。轴承支座也有贯穿的划伤痕迹。鉴于当时电厂的运行状况，且对该划痕创伤严重性估计不足，在检修过程中使贯穿痕迹有所恶化。开机后振动变得更为恶劣，才认识到必须处理该贯穿的划痕。

单支撑轴承的支承垫块为圆球形，而轴承支架为圆柱形，两者理论上为线接触。经研磨后，该处将形成类似橄榄球形状的接触面，接触面中部宽度约为 20mm，该次划伤的贯穿痕迹即为该接触面。返厂处理轴承瓦枕底部调整块和轴承支座，现场对底部调整块和轴承支座进行研磨，确保接触面符合安装要求。

经过检修处理，4 号瓦振和轴振得到明显的改善，机组已能长时间运行，但 4 号瓦振仍然处于报警范围，为此在 2009 年 6 月再次处理。从前面的治理实践来看，瓦振对接触面极其敏感，因此必须对照制作厂家要求做好研磨工作。将 4 号瓦接触面修复作为该次检修的重点，对接触面进行精细研磨，最后接触面情况如图 5-42 所示。

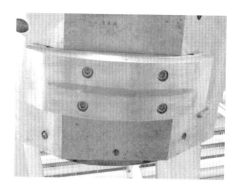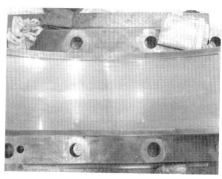

图 5-42　研磨后接触面情况

2. 低压转子动平衡处理

由表 5-18 和表 5-19 可知，低压转子还存在一定残余的不平衡量，在 4 号轴振爬升的同时，5 号轴振有一定的下降。从低压转子振动相位来看，4、5 号轴振呈反相关系，振动爬升后的相位基本不变，可以用热态动平衡法降低轴振，减少轴系的激振力。但两个低压转子为单支撑结构，转子的振型相互影响，给动平衡处理带来一定难度。

4 号轴振传感器安装在低压转子 A 侧，为了降低 4 号轴振爬升值，第一次加重方案为低压转子 A 靠 4 号瓦末端平衡槽加重 830g。根据加重效果，考虑到 4、5 号轴振呈反相关系，在低压转子 B 靠 5 号瓦末端平衡槽再加重 840g。2 次加重后，轴振值见表 5-19，可知低压转子轴系轴振下降明显，带满负荷后，振动也在优良范围内，已有效减少转子系统的激振力。

表 5-19　　　　　　　　7 号机组低压转子动平衡前后的振动值（单位：μm）

振动测点	动平衡前		动平衡后	
	空载 3000r/min	空载 3000r/min（振动爬升后）	空载 3000r/min	1000MW
3 号轴承 X 方向	45	70	54	38
3 号轴承 Y 方向	37	42	28	36
4 号轴承 X 方向	54	121	26	59
4 号轴承 Y 方向	40	56	23	27
5 号轴承 X 方向	105	65	46	75
5 号轴承 Y 方向	64	58	43	60

经过轴承座检修和动平衡处理，机组于 7 月 8 日 22:30 冲转至 3000r/min 额定转速时，4 号瓦振动最高为 3.8mm/s；带额定负荷时，4 号瓦振最高为 4.2mm/s。经过该次检修，4 号瓦振超标问题得到彻底解决。

五、结论与建议

该超超临界 1000MW 机组出现瓦振超限故障，成为制约机组正常投运的重大技术瓶颈。经分析诊断为轴承座刚度不足引起，导致轴承座刚度下降的原因为轴承座瓦枕底部乌金面出现贯穿的划痕。

单支撑超超临界机组采用的落地式轴承座，其轴瓦支承垫块为球面，轴承支架为圆柱面，两者接触面为球面对圆柱面的接触，理论上为线接触，对接触面极其敏感也非常苛刻。因此，须严格按照制造厂家公司对接触面的要求，认真做好研磨工作，确保接触面符合要求。对瓦振和轴振不稳定超标故障的处理，动平衡处理和轴承座处理需同步进行。由于低压转子轴系为单支撑结构，轴振的动平衡处理不能仅限于同一轴承座的振动，还要降低整个轴系的轴振，减少转子系统的激振力。

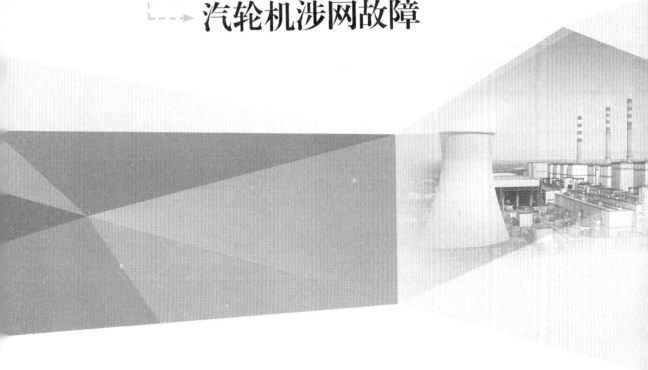

第六章

汽轮机涉网故障

[案例 38]　600MW 机组全厂失电后汽轮机停运

一、设备简介

某发电厂共有 4×600MW 超临界参数燃煤发电机组，锅炉为哈尔滨锅炉厂有限责任公司制造的 HG-1890/25.4-YM4 型直流锅炉，汽轮机为哈尔滨汽轮机厂有限责任公司制造的 CLN600-24.2/566/566 型超临界、一次中间再热、单轴、三缸、四排汽凝汽式汽轮机，发电机为哈尔滨电机厂有限责任公司生产的 QFSN-600—2YHG 型水氢冷汽轮发电机组，热工控制设备采用福克斯波罗公司的 I'A serise 分散控制系统。汽轮机组启动方式为高中压缸联合启动，设置有 40%BMCR 容量的高、低压串联旁路，主要用于机组的启动和停机。每台机组各设一台 800kW 柴油发电机作为事故保安电源。

二、故障过程

受天气与春节调停影响，该发电厂 1～3 号机组已经正常停运，仅保留 4 号机组在运行。16 时 47 分左右，4 号机 300MW 负荷运行时，发电厂出线发生倒塔事故，4 号汽轮机甩负荷，全厂瞬时失电，4 号机组汽轮机循环水系统、凝结水系统、给水系统、真空系统、压缩空气系统、闭式水系统、EH 油系统全部停运，汽轮机破坏真空紧急停机。以下是汽轮机几个主要参数的变化过程：

16:47:13 机组负荷 300MW，汽轮机转速 3000r/min 运行，汽轮机润滑油箱油温为 60.2℃，低压缸排汽温度为 23℃/24℃。此时倒塔发生，汽轮机甩负荷后跳闸。

16:47:25 汽轮机转速最高到 3144r/min，随后转速下降，下降过程中破坏真空停机。

17:03:02 汽轮机润滑油箱油温最高到 61.2℃，随后慢慢下降。

17:02:00 凝汽器真空到 0。

17:04:00 凝汽器压力与温度为 1.66kPa、93℃，真空防爆门破裂，真空下降过程中，低压缸排汽温度随着快速上升。

17:05:49 低压缸排汽温度随着快速上升到 90/97℃，随后上升速度减慢。

17:21:52 汽轮机转速到 0，在转速下降过程中，除 3 号轴承排油温度由 51℃ 上升到 61℃外，其他轴承回油温度没有出现明显变化。

在出现倒塔事故前，电厂方面接到调度有关该厂出线线路覆冰情况严重的通知，电厂方面已经做好全厂停电的事故预案。倒塔事故发生后，柴油发电机快速启动，确保保安段供电。保安段的主要负载有汽轮机盘车、汽轮机顶轴油泵、事故照明，交流润滑油泵和发電機密封油泵，同时还将电厂的施工电源（110kV）投入热备用。

事故发生后，汽轮机直流润滑油泵快速启动；汽轮机转速为 1300r/min 左右时，交流润滑油泵启动。随后 20min 时间内，汽轮机直流润滑油泵与交流润滑油泵并列运行。汽轮机转速约为 200r/min 时，直流润滑油泵停运，交流润滑油泵单独运行，这种状态一直持续到汽轮机转速到 0。在此期间，顶轴油泵一直处于运行状态。

汽轮机在盘车状态下，保安电源因负荷过大跳闸，交流润滑油泵和顶轴油泵停运，盘车停运，直流事故油泵启动；随后保安电源很快恢复，交流润滑油泵和顶轴油泵启动。运行约 10min 后，直流油泵停运；但约 4min 后，保安电源又出现跳闸现象，交流润滑油泵、顶轴油泵停运和盘车再次停运，直流事故油泵快速启动。在随后的近 30min 时间内，汽轮机润滑油系统仅有直流事故油泵在运行，一直等到保安电源恢复正常后，交流润滑油泵、顶轴油泵停运和盘车才再次投入运行，直流事故油泵停运。在以后的时间内保安系统运行正常，汽轮机润滑油系统一直维持这种状态。

机组跳闸后，循环水失去，汽轮机排汽温度快速上升。全厂失电后，EH 油系统停运，汽轮机高、低压旁路液压部分失电、失压，按设计保持原位（全关）不动，因此整个过程中没有大量蒸汽通过低压旁路进入凝汽器。机组跳闸后约 10min，辅助蒸汽压力开始明显快速下降；因缺少减温水，低压缸轴封蒸汽在全厂失电后很快失去。机组跳闸后，汽轮机本体及主要管道疏水阀手动关闭，但随后因压缩空气系统停运，主蒸汽管道疏水阀因两阀门均为气动阀而失气打开，造成部分高温蒸汽进入疏水扩容器。随后采用关闭气动阀手轮、加装临时氮气瓶的方法迫使上述阀门关闭，汽轮机此后一直处于闷缸状态。

全厂失电后，DCS 部分由 UPS 电源供电，集控室运行人员监控画面正常。在整个停机过程中，施工电源一直处于热备用状态，没有投入使用。

三、故障分析

总体上看，该次停机过程中除凝汽器真空防爆门破裂外，没有造成其他设备损伤。该厂 4 号机之所以能够在全厂停电后安全停运，主要得益于以下几点：①准备充分。事先做好了全厂停电的预案。②破坏真空停机及时。在顶轴油泵间歇性停运前，汽轮机已经安全到达盘车状态，避免了转子高速碾瓦。③汽轮机闷缸措施得当。汽轮机本体与管道疏水阀及时可靠关闭，避免了大量蒸汽冲击失去循环水的凝汽器。④电厂直流电源、UPS 电源可靠。直流电源可靠，确保了汽轮机直流润滑油泵、直流密封油泵的正常运转，最低限度保证了汽轮机与发电机的安全。⑤UPS 电源可靠，保证了在停机过程中机组没有失去监控。

对于火力发电厂而言，尽管在设计时已经做了充分的考虑，但受恶劣天气或突发性事故影响，还是存在着全厂供电、用电与外界中断的可能，完备的事故预案可以有效减轻或化解事故造成的破坏，这些预案在多次事故处理中也曾发挥过很大作用，其中以下几个方面尤其要多加关注。

1. 循环水泵停运后的循环水

循环水泵失电停运后，循环水失去循环动力，原来的"取水口-循环水泵-凝汽器-虹吸井-排水口"循环不再存在。但这不意味着凝汽器水侧彻底失去了冷却水，一般的循环水系统流程如图6-1所示，假定凝汽器水侧顶端位置要比循环水泵出口海拔高。

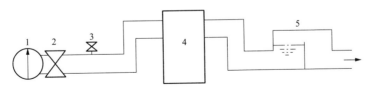

图 6-1　循环水流程图

图6-1中，设备1为循环水泵，设备2为循环水泵出口阀，设备3为循环水出口管路放气阀，设备4为凝汽器，设备5为虹吸井。正常运行时，循环水被循环水泵从取水口取出后，经循环水泵出口阀、凝汽器和虹吸井，最终到排水口。循环水泵突然停运后，其出口管路中的水由于惯性还会继续向凝汽器流动，但这种流动不会持久。由于虹吸作用的存在，凝汽器中短时间内会存在大量循环水，如果有措施能保证这些循环水不会很快流失，并能有序流动，那么对事故发生时凝汽器的保护将是十分有利的。

循环水泵失电停运后，其出口阀有两个选择，一个是开，另一个是关。正常的逻辑条件下，循环水泵停运，为防止泵倒转，其出口阀都会联动关闭。但对于厂用电失去的情况来说，则很难做到这一点。如果该阀为电动阀，失电后仍然会保持开状态，如果该阀为液动阀，失电后也可能由于失去关动力而使阀门无法自动关闭。一般情况下，循环水前池水位会比循环水泵出口低得多，如果循环水泵出口阀门打开，则会产生"倒虹吸"现象。循环水前池会起到虹吸井的作用，而原虹吸井中的水会倒流。由于凝汽器水侧出口到虹吸井距离一般都很近，所以其中的水会很快被吸光，或许在低压缸排汽温度达到最高值前，凝汽器水侧已经无水，这对凝汽器的安全是不利的。

如果循环水泵出口阀在其出口管路中的水大量倒流前及时关闭，漏进的空气还不足以将虹吸破坏，那么凝汽器中的水会得以保持，并有可能是满水状态。在系统严密不漏气的情况下，循环水泵出口阀到虹吸井这段管路与设备中的水会处于静止状态（凝汽器中的水位与进、出口阀中水位差不大于8m）。完全静止状态的水，可以减轻凝汽器受损坏的程度。而实际上，由于循环水泵出口阀到凝汽器这段管路上存在有几个浮球式放气阀，所以在正压消失后，会有少量空气由此漏入管路，这会使得循环水泵出口阀到凝汽器管路上的水经凝汽器后缓慢从虹吸井流出。这部分水量很大，凝汽器也会因此有足够的冷却水来带走其中因送风和疏水而产生的热量，从而避免受到损坏。即使这几个浮球式放气阀不漏气，也可以通过其他放气口缓慢、有控制地破坏虹吸作用，从而控制循环水的流失量，为充分利用凝汽器进口管路中的循环水，这些放气口尽可能从离凝汽器远的位置寻找。

上述分析说明，在全厂失电后，及时关闭循环水泵出口阀对凝汽器的安全来说是有利的，并可以通过控制放气速度来控制流经凝汽器水侧的水量；而其他操作，如关闭凝汽器进、出口阀等，是不必要的。实际中大部分循环水泵出口阀为液压驱动，失电后保持原位，需要对控制电磁阀进行改进，使得全厂失电后该阀门可以利用蓄能器蓄能实现自动关闭。

2. 跳机后的润滑油系统

厂用电失去跳机后，汽轮机润滑油系统面临的最大威胁是失去冷却水而造成润滑油温大幅度上升。汽轮机润滑油冷却水一般有两种来源：一种是来自开式水，也就是来自循环水；另一种是来自闭式水。在厂用电失去后，汽轮机润滑油冷却水如果是来自开式水，如前所述，在关闭循环水泵出口阀后，可以通过打开冷油器最低处放水阀将从开式水冷却器旁路来的水放出，从而达到冷却润滑油的目的；如果是来自闭式水，可以使用消防水在高位水箱注水，通过打开冷油器最低处放水阀或专设阀门将水放出，从而达到冷却润滑油的目的。

在润滑油冷却水完全丧失时，应尽可能减小润滑油的温升。汽轮机润滑油中的热量来源于两部分，一部分是轴承中油膜与轴颈的摩擦功耗，另一部分是轴颈的热传导。降低第一部分产生的热量，可以通过尽可能早地降低汽轮机转速，减少油膜与轴颈摩擦而产生的热量；通过提早开启顶轴油泵，增加油膜厚度，减小油膜温度，也有可能会减少部分热量。降低第二部分产生的热量，可能通过尽早切换轴封供汽来进行。与此对应的操作是提早破坏凝汽器真空与开启顶轴油泵，在真空到零后，及时切断轴封供汽。

汽轮机润滑油的循环倍率一般为10，在额定转速下，通过轴承后，润滑油温升一般为15℃左右，也就是说在一个循环周期内（6min），润滑油箱中油温会上升15℃左右。在汽轮机惰走12min以后，转速会降至900r/min左右，润滑油温升会有所降低。假如原润滑油温为40℃，润滑油箱油温为55℃，一旦彻底失去冷却水，润滑油温会突升到55℃，在接下来的循环中，这个温度还可能会有较大幅度的增长。在这种情况下，汽轮机转速到零后，盘车不能立即投用，原因是润滑油温度过高，盘车必需的油膜难以建立，轴承无法充分冷却，如果盲目投用盘车，会给轴承带来很大损害，此时最好的做法就是进行闷缸处理。但如果厂用电能短时间内恢复，汽轮机很快启动，在盘车因润滑油温度高而停运，顶轴油泵启动后，建议每隔20min将汽轮机转子转动180°，以便于以后的启动。

在润滑油冷却水完全丧失的情况下，要力保润滑油泵的正常运行，如有可能，建议通过润滑油冷却器放气或放水管对之注水，加以冷却。

3. 轴封与真空

机组停运后，汽轮机轴封供汽无法长时间维持，必须破坏真空，但何时破坏真空，却对汽轮机低压缸末级叶片、低压缸轴承与凝汽器有很大影响。汽轮机跳闸后，低压缸排汽温度主要受三方面因素的影响：①汽轮机与管道疏水、剩余排汽产生的热量。②因真空泵停运、轴承汽供应能力下降等因素造成漏气量增大。③低压缸末级长叶片产生的大量送风热量。对于第一个因素，通过及时闷缸、关闭事故放水等措施可以大幅度降低其产生的热量；第二个因素造成的影响基本上无法避免，但可以通过尽力维持轴封汽，延缓真空下降的速度；第三个因素产生的热量与汽轮机的转速有关，凝汽器漏进的空气量也会对此产生严重影响。

以上分析说明，降低真空下降的速度会有效降低低压缸排汽温升，因此尽可能维持轴封汽压力、推迟破坏真空的时间，最终可以降低低压缸排汽温度。正常运行的汽轮机组，轴封汽一般都是由辅助蒸汽提供，而辅助蒸汽则由四级抽汽、冷端再热器或主蒸汽提供。600MW 机组相关经验表明，全厂失电后，轴流加热器风机停运，机组跳闸后，辅助蒸汽的压力在 10min 左右的时间内不会发生明显降低，10min 之后会逐渐下降。实际在中、低压缸均为负压的情况下，轴封汽压力不需要太高就可以满足要求。不破坏真空时，汽轮机跳闸 10min 后，其转速一般可以降至 1000r/min 左右，如果此时再破坏真空，15min 后凝汽器真空就会完全消失，汽轮机在低转速、低真空下的长时间惰走不会产生很大热量，这样可以有效降低低压缸排汽温升。

600MW 机组相关经验表明，如辅助蒸汽由本机低压蒸汽供，跳机后 10min 内辅助蒸汽压力基本维持在 0.9MPa 左右，然后直线下降；15min 后，约下降到 0.6MPa 左右；到跳机后 1h，辅助蒸汽压力降到零。因此，在凝汽器真空到零之前，轴封汽不会中断。

当然，如果辅助蒸汽的冷端再热器汽源来自于高压排汽止回门后，锅炉再热器可以提供足够热量供辅助蒸汽使用，从而更加保证机组跳闸后的轴封汽供应。因此，厂用电失去后，应根据机组实际情况合理推迟破坏真空的时间，并密切关注中压缸轴封汽压力的变化趋势，但也应避免因破坏真空太迟造成中压缸轴端漏进大量冷空气而使得其上下缸温差变大。

4. 柴油发电机

机组失去厂用电后，汽轮机直流润滑油泵、空侧直流密封油泵、给水泵汽轮机直流润滑油泵应立即启动。5min 后，汽轮机转速会降至 1500r/min 左右，此时应启动汽轮机顶轴油泵。因顶轴油泵一般为保安段供电的交流油泵，此时柴油发电机必须启动。也就是说，如不考虑事故照明，汽轮机跳闸后 5min 之内柴油发电机启动，就不会对汽轮机的安全构成实质性的威胁。一般电厂的做法是机组失去厂用电后柴油发电机立即启动，进一步提高了安全性。

在厂用电失去短时间内，柴油发电机常常会因负荷过重而跳闸，因此，有序、合理地选择柴油发电机负载十分重要。在汽轮机惰走前期，要确保汽轮机润滑油泵、密封油泵的正常运行，在汽轮机惰走后期还要确保顶轴油泵的正常运行；在汽轮机转速到零后，根据情况要确保汽轮机盘车的运行；整个过程中要确保直流系统、热控 UPS 电源的正常供电。为减轻柴油发电机负荷，在交流油泵启动后，相应的直流油泵应及时停运。

一般情况下，汽轮机惰走转速低于 1500r/min 时，需要启动顶轴油泵，以便于在汽轮机转子自身油膜消失前，建立润滑油膜以保护轴承。而实际上，润滑油温度正常的情况下，转子在 500r/min 以上转速时，一般均能形成良好的润滑油膜。因此在汽轮机惰走到 500r/min 之前约 25min 时间内，可以不启动顶轴油泵，但前提是柴油发电机还有更重要的负载。

四、改进措施

根据以上分析，当全厂停电事故发生后，建议采取如下措施：①确认汽轮机转速下降，所有主汽门和调节汽门全关，抽汽止回门关闭，高、低压旁路阀已关闭，循环水泵出口阀关闭。②确认汽轮机直流事故润滑油泵自动启动，否则抢投。③确认空侧直流密封油泵自动启动，否则应抢投。④确认给水泵汽轮机跳闸，汽门全关，直流事故油泵自动启动，否则应抢投。⑤柴油机发电机启动，汽轮机、给水泵汽轮机交流润滑油泵启动、密封油泵启动，相应直流油泵停运。⑥关注汽轮机润滑油温升情况，检查其事故冷却水投运正常。⑦检查关闭汽轮机本体及主要管道的疏水阀，隔绝疏水进入凝汽器。⑧汽轮机转速到 1500r/min 以下时，启动顶轴油泵。⑨关注辅助蒸汽压力变化，适时开启真空破坏阀。⑩汽轮机转速到零后，视情况投运盘车或闷缸。

五、结论与建议

完善的事故预案能够有效化解事故风险，合理的细节处理能够减轻事故带来的损失，但这些需要建立在对事故发生后机组运行情况深入、细致与准确的把握之上。汽轮机组在失去厂用电情况下停运后，要加强对相关数据的分析与比较，尤其是与汽轮机本体有关的相关数据；如果低压缸排汽温度上升过高，在机组转为冷态后，要加强对凝汽器钛管胀口、低压缸及轴承座的检查。失去厂用电给汽轮机组的安全停运带来的压力是巨大的，到目前为止，对大多数机组而言，柴油发电机是其失去厂用电后的最后一道安全保障，如果机组能实现 FCB 工况稳定运行，那这种情况会大为改观，应及时开展该方面的工作。

一、设备简介

某发电厂 3、4 号机组汽轮机选用由上海汽轮机厂和德国西门子公司联合设计制造的 N660-25/600/600 型 660MW 超超临界、一次中间再热、单轴、四缸四排汽、反动凝汽式汽轮机；发电机选用上海汽轮发电机有限公司生产的 QFSN-660-2 型水氢氢冷却发电机。主变压器为 800MVA/530kV±2×2.5%/20kV 的三相变压器；高压厂用变压器每台机组 2 台，均为 40MVA/20kV+8(−10)×1.25%/6.3kV 三相双绕组变压器；该发电厂 500kV 系统采用 3/2 接线方式，采用三菱全封闭式组合电器（GIS）；500kV 线路保护采用 AREVA 公司的 P546 差动保护和 P443 距离保护，500kV 断路器保护采用 AREVA 公司的 P442 失灵/重合闸保护；两台机组均配置零功率切机保护，单独组屏，出口后至发电机-变压器组保护外部重启动开入，经 100ms 延时出口解列灭磁。

汽轮机设有两只高压主汽门、两只高压调节汽门、一只补汽调节阀、两只中压主汽门和两只中压调节汽门，补汽调节阀与主、中压调节汽门均由高压调节油通过伺服阀进行控制。两台机组汽轮机 DEH 系统均采用西门子公司的 T3000 控制系统，它与液压系统组成的 DEH 系统通过数字计算机、电液转换机构、高压抗燃油系统和油动机控制汽轮机主汽门、调节汽门和补汽阀的开度，实现对汽轮发电机组的转速与负荷实时控制。DEH 系统设置有负荷干扰控制功能，具体逻辑如图 6-2 所示，DEH 中该逻辑扫描周期为 16ms。机组实际的负荷测量值在负荷干扰识别模块中进一步处理，主要有两个目的：一个目的是补偿变送器的延迟时间，使得测量到的负荷值有负荷的原始时间特性；另一个目的是对该信号求微分，以检测负荷的变化速率。一旦以下两种情况之一出现，系统会发出负荷中断（KU）信号，快速关闭所有调节汽门：

（1）如果突然出现负荷干扰大于负荷跳变限值 GPLSP（480MW）。

（2）以下条件同时满足时：①实际负荷大于−26MW；②实际负荷小于 104MW；③负荷控制偏差大于 104MW；④机组已并网。

如果在负荷干扰识别时间（TLAW）2s 内，上述两种情况消失并回到正常状态，则系统不会发出甩负荷信号（LAW），汽轮机各调节阀恢复到原来开度；如果上述两种情况继续存在，则发出甩负荷信号，改变转速负荷调节模件的工作状态，使目标转速设定值维持在 3000r/min。

在机组正常运行时，发电机出口开关跳闸或电网输电突然中断，都将引起汽轮发电机

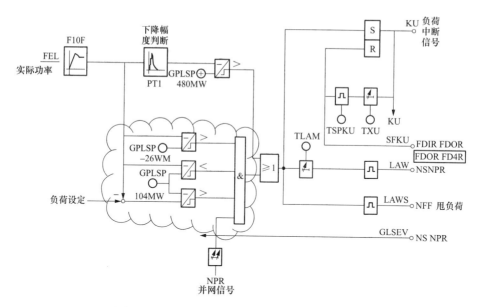

图 6-2　DEH 系统负荷干扰控制功能逻辑示意图

组甩负荷。DEH 侧检测到功率突变，达到限值时触发 KU 动作，快速关闭调节汽门，减少汽轮机的输入能量，快速平衡电网负荷，降低汽轮机转速飞升量。

二、故障过程

　　某日，电厂所在地区强雷雨天气。该发电厂 3、4 号机组 AGC 方式运行，3 号机组功率为 383MW，4 号机组功率为 379MW。21∶35∶49，电厂出线线路 B 相故障，P546 保护动作，故障电流为 1.4A（一次电流为 5600A），5012 及 5013 开关 B 相跳闸。766ms 后 3、4 号机组零功率保护动作，3、4 号机组跳闸；1049.6ms 后 5012、5013 两开关 B 相重合成功，保护故障测距 41km。其中，4 号机组故障录波曲线见图 6-3，DEH 侧数据记录曲线见图 6-4。

　　根据机组 SOE 中的事件记录，结合故障曲线可以确认，电厂出线 B 相故障后，该发电厂 3、4 号机组一系列事件动作的先后顺序如下：

　　（1）3 号机组。线路 B 相故障→电厂出线 P546 保护动作→3 号机组 DEH KU 动作→3 号汽轮机高、中压调节汽门关闭→3 号发电机零功率切机动作致发电机开关跳闸→3 号汽轮机跳闸。

　　（2）4 号机组。线路 B 相故障→电厂出线 P546 保护动作→4 号机组 DEH KU 动作→4 号汽轮机高、中压调节汽门关闭→4 号发电机零功率切机动作致发电机开关跳闸→4 号汽轮机跳闸。

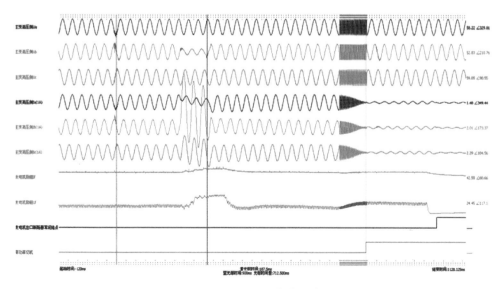

图 6-3　4 号机组故障录波

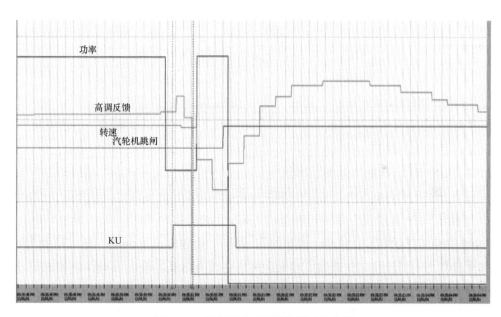

图 6-4　4 号机组 DEH 侧数据记录曲线

三、故障分析

根据事件动作先后顺序可知，两台机组均为线路故障导致 KU 功能动作，汽轮机高、中压调节汽门快关，从而致使零功率切机保护动作。这其中两个保护动作很关键，一个是零功率切机保护，另一个是 KU 功能保护。

零功率切机保护在下列五项条件均满足时，将会动作：①正常运行时实际有功功率大

于"投运功率设定值（60MW）"。故障时刻，实际 3 号机组功率为 383MW，4 号功率机组为 379MW，该条件满足。②正常运行时实际电流大于"投运电流设定值（73A）"。故障时刻，实际 3 号机组为 437A，4 号机组为 439A，该条件满足。③突变量启动。满足以下任何一个条件：ⓐ突变量电流启动；ⓑ突变量功率启动。此次线路故障时ⓐ项突变量电流启动条件满足，启动后任两相电流有效值在 20ms 前后之差 $|\Delta I| = |I_k - I_k - 20ms|$ $\geqslant$ IQD（突变量启动定值），启动后 60～80ms，B 相电流 ΔI 约为 -1230A，C 相电流 ΔI 约为 -153A（IQD 为 150A），满足该条件。④启动前（-200ms）功率大于"事故前功率设定值（300MW）"，该条件满足。⑤故障后实时功率小于"事故后功率设定值（50MW）"，实际为 17MW，该条件满足。该项为零功率的主要判据。故障后电流有两相均小于"投运电流设定值（73A）"，实际为 35A，该条件满足。故障后的运行工况满足零功率保护动作条件。从以上过程看，3、4 号机组故障时数据均满足零功能切机功能动作的条件，零功率切机保护按设计动作。

负荷中断（KU）功能动作条件如图 6-2 所示。从电气侧故障录波数据来看，线路故障前，3 号机组负荷为 383MW，故障时 60ms 内机组负荷在 511～340MW 之间波动；线路故障前，4 号机组负荷为 379MW；故障时 60ms 内机组负荷在 552～349MW 之间波动。从电气侧数据可以看出，KU 功能动作的条件均没有满足，在此故障下 KU 功能不应动作。

使用故障时电气录波数据在该发电厂 3、4 号机组 DEH 仿真系统上测试，确认线路 B 相故障发生后，DEH 系统功率输入数据满足 KU 功能动作的第 2 条件，系统发生 KU 信号，触发各调节汽门快关；该条件中，③与④自然满足，说明在故障时，经过变送器延迟补偿（图 6-2 中 F10F 功能块）的功率信号下降到 -26～104MW 区间，这一结果与电气侧功率测量值差别很大，电气侧与 DEH 侧功率信号传输环节的可靠性值得怀疑。

电气侧与 DEH 侧功率信号传输环节由 DEH 系统模拟量输入（AI）模件、电气侧到 DEH 侧的功率变送器两部分组成。测试结果表明，AI 模件没有问题。电气侧到 DEH 侧的功率变送器为三相三线制变送器，输入为相间电流与电压，输出为 DC(4～20mA) 模拟量信号。一般该类型功率变送器时间常数为 0.25s 左右，是否能满足线路单相接地等电网瞬时故障情况下的测量要求值得怀疑，为此进行了专门的数据回放测试。

故障数据回放测试采用的方法是将电气故障录波数据通过 OMICRON 继电保护测试仪输出到功率变送器，在其出口接高速数据录波仪，观察其输出。将电厂出线线路 B 相故障时 4 号机组电气录波数据通过上述方式回放，高速数据录波仪输出如图 6-5 所示。结果表明，B 相故障时，功率变送器输出在 100ms 内从 379MW 下降到 190MW，这一结果与电气侧的测量最低功率 349MW 相差很大；在 DEH 中经过 F10F 功能块补偿处理，瞬时最低值下降到 104MW 以下，满足 KU 功能动作条件。

通过上述分析，可以判定该电厂出线 B 相故障造成 3、4 号机组停运的主要过程如下：电厂出线线路 B 相故障→电厂出线 P546 保护动作；该发电厂 3、4 号机组功率出现

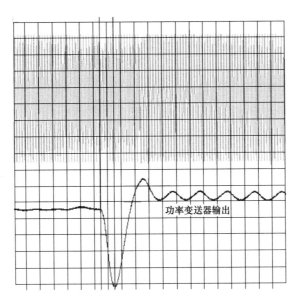

图 6-5　电厂出线 B 相故障数据回放结果

瞬时扰动→电气侧到 DEH 侧功率变送器放大了功率扰动幅度；3、4 号机组 DEH 系统中 KU 功能动作第 2 条件满足→3、4 号汽轮机高、中压调节汽门关闭；机组功率快速下降→3、4 号发电机零功率切机保护先后动作；发电机开关跳闸→3、4 号汽轮机跳闸，机组停运。

　　由此可见，电气侧到 DEH 侧功率变送器对快速变化信号的畸变作用是造成该次 KU 功能误动作的根本原因。实际上，根据 DEH 系统设计，在 KU 功能动作后，汽轮机高、中压调节汽门关闭，如果在 2s 内 KU 信号消失，则汽轮机高、中压调节汽门关闭仍会很快恢复到关闭之前的开度，机组继续维持原负荷运行，国内的其他电厂已发生过类似过程。但对于该发电厂 3、4 号机组而言，发电机零功率切机保护功能中断了这一过程，造成在汽轮机高、中压调节汽门关闭、机组功率快速下降时，直接将发电机开关跳闸，导致机组停运。

　　线路 B 相故障导致该发电厂 3、4 号机组停运事件暴露出两个问题，一个是功率变送器信号畸变问题，另一个是发电机零功率切机保护功能配置合理性问题。随后对类似的功率变送器进行了详细测试，发现在类似电网故障的情况下，输出畸变的现象普遍存在。功率变送器输出功率值畸变的方向与幅值与故障相别有关，与故障时刻有关，也与功率变送器接线型式、生产厂家有关；故障类型对于变送器的输出有较大影响，其中单相接地短路影响较小，而两相接地短路、相间短路、三相短路影响较大。零功率切机保护则应在以下方面进行完善：有效区分快关调节汽门与电气开关跳闸引起零功率状况，确保零功率切机保护在快关调节汽门引起零功率情况下不动作，在系统开关跳闸引起零功率情况下可靠动作。

四、处理方法

解决电网类似故障时的功率测量问题或汽门快控动作条件的判定避免使用功率信号是处理这一问题的关键，采用动态响应性能好的功率变送器可以降低类似事故发生的可能性。

解决功率测量问题方面，目前国内已有较为成熟的产品或解决方案，较多采用的是将普通功率变送器改造成智能变送装置，采用双 CT 功率测量的方案。即采用测量级 CT 和保护级 CT 双通道测量，使用先进算法计算有功功率和无功功率，当保护级 CT 的电流明显大于额定电流时，功率计算采用保护级 CT 电流，否则采用测量级 CT 电流。如此可兼顾正常运行和故障情况下的准确测量，算法具有良好的暂态特性。

对图 6-2 所示的逻辑进行优化，增加汽轮机转速限制或机组脱网作为 KU 动作的先决条件，可以有效防止电网故障时 KU 功能的误动。有资料表明，电厂出线在最严重的三相故障、但重合闸成功时，汽轮机转速最高不会超过 3033r/min。

五、结论与建议

电网功率快速变化时，多数目前所使用的功率变送器受其自身动态性能所限，并不能完全反映功率变化的细节。有的变送器会放大功率变化幅度，造成设备保护误动；有的变送器则会降低功率变化幅度，很可能会造成设备保护拒动。

汽门快控动作条件的判定应尽量避免使用功率信号，或改变功率的测量方式。DEH 系统设备供应商在使用功率信号作为汽门快控动作判定依据时，应明确对功率信号动态特性的要求。零功率切机保护功能可应用于无汽门快控功能的汽轮机；而当机组有汽门快控功能时，不宜再配置零功率切机保护。

[案例 40]　**50MW 汽轮发电机组造成电网强迫振荡**

一、设备简介

　　某自备电厂 50MW 机组汽轮机为武汉汽轮机厂生产的抽凝式汽轮机，主要用来发电自用，同时向纸业制造的工序提供烘干蒸汽。汽轮机控制系统（DEH）由杭州和利时自动化有限公司提供，液压控制系统为低压透平纯电调系统。汽轮机的进汽量控制通过一只油动机驱动的四只高压调节阀完成；汽轮机的抽汽压力调节由中压调节阀完成；高、中压调节阀油动机的开度分别由一只 DDV 阀（直线电动机驱动电液转换器）控制，其型式为MOOG D634-319C。该汽轮机日常控制方式为阀控方式，由运行人员根据全厂用电情况手动改变阀位目标值来控制电功率的输出，并维持供汽压力和流量稳定。该机组汽轮发电机由武汉汽轮发电机厂生产，额定容量为 62.5MVA，额定功率为 50MW，采用无刷励磁系统，励磁机功率来自发电机机端励磁变压器。励磁调节器为武汉武大电力科技有限公司生产的 TDWLT-01 型励磁调节器，采用双通道数字调节器，控制方式包括电压调节和电流调节方式。2012 年，南方某省区域电网多台不同容量的机组出现了低频振荡现象，后检查确认，该机组与此异常密切相关。

二、故障过程

　　2012 年底，南方某核电机组在一周内出现了 9 次功率小幅振荡，振幅约 ±10MW，最长一次振荡持续时间约 37min，最短持续时间约 1min；与此同时，周边有 3 个电厂的 5 台机组也发生了功率振荡，振幅略小，如图 6-6 所示。历次功率振荡期间，该核电机组附近220kV 变电站负荷均发生较大波动（波动幅度约为 40～70MW），发生时刻与核电机组功率波动时间段一致，相关性很高，而其他周边变电站负荷波动较小。事后检查分析确认，该功率振荡属于典型的由强迫振荡引起的低频振荡，振荡频率约 1Hz；由于该 220kV 变电站向某自备电厂供电的 110kV 线路功率波动很大，该自备电厂的 50MW 汽轮发电机组高度可疑。

　　经现场检查确认，在某核电机组功率振荡期间，该自备电厂 50MW 机组功率在 0～60MW 大幅度波动，其汽轮机转速也在 2950～3050r/min 之间大幅度波动，随后将该机组一次调频死区修改为 50r/min，功率波动现场没有消失，只是略有减小。

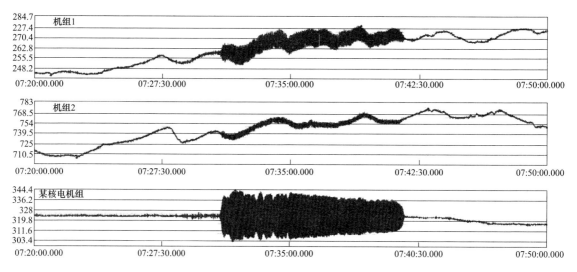

图 6-6　几台机组的功率波动曲线

三、故障分析

为了查明该自备电厂 50MW 机组功率波动的原因，随后进行了一系列检查与试验。

该机组一次调频逻辑设置如下：转速不等率为 5%，转速差由 3000r/min 与实际转速相减形成，由不等率、转速差和死区三者的计算结果乘以一次调频调整系数 0.45 后，得到一次调频的阀位增量，它与操作员设定的阀位指令相加形成最终的高压调节阀组阀位指令。该机组汽轮机共有 7 只转速测量探头，集中交叉安装在机头 60 齿的转速测量盘处。其中 3 只磁阻式转速测量探头送至 DEH 控制柜，供控制与保护使用；3 只涡流式转速测量探头送至 DCS 控制柜，供监视使用；1 只涡流式转速测量探头送至就地仪表盘，供监视使用。该机组多次转速波动记录结果表明，除 1 只送 DCS 控制柜的探头故障外，其余 6 路转速测量结果完全一致。就地检查表明，该机组 EH 油系统控制油压力基本稳定维持在 2.15MPa，DDV 阀进口滤网（50 目）差压无报警，DDV 阀附近无高温热源，高压调节阀组位移测量装置（LVDT）安装可靠。

对该机组进行了有功变动试验，表现高压调节阀开度时常会出现快速波动，就地观察也可以证实该阀确定发生的波动。经确认，此时操作员除进行正常的变负荷操作外，并未进行其他操作，高压调节阀阀组的开度指令没有发生变化。随后进行有功小扰动试验，扰动的方法为在不同负荷点操作员快速反复小幅度（±1%左右）改变高压调节阀的开度指令。试验结果表明，有功小扰动发生时，该机组很容易出现功率与转速波动现象，同时随着汽轮机高压调节阀 LVDT 与 DDV 阀的波动。从数据记录来看，上述过程中该机组最大有功波动约±12MW，转速波动约±16r/min，波动周期为 1Hz；试验的同时，远方确认某核电机组也发生了约 5MW 的有功波动。图 6-7 所示为其中一次有功小扰动试验时，该

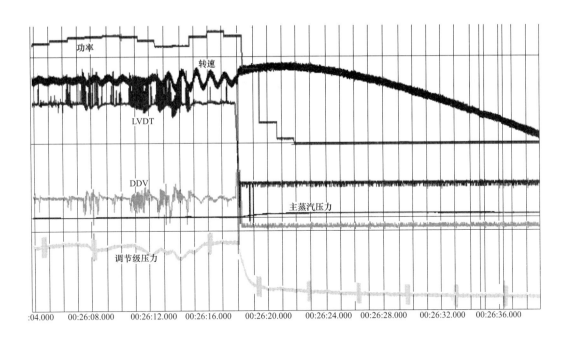

图 6-7　50MW 机组有功小扰动时的试验曲线（录波采样频率 1kHz）

50MW 机组功率大幅度波动、随后手动打闸停机的过程。

　　根据上述试验结果，初步判断为该 50MW 机组汽轮机高压调节阀的 DDV 阀工作不稳定导致高压调节阀开度失控，从而造成机组有功的变化；随后停机对该 DDV 阀进行了更换，并对相关辅助设备进行了清洗，使用后的清洗液中发现有少许黑色颗粒状沉淀物。DDV 阀更换后，机组变负荷过程中，没有再出现高压调节阀开度波动现象，在有功小扰动的情况下，高压调节阀组控制平稳，也没有出现开度波动现象。这一结果说明，该机组的有功波动确实是 DDV 阀工作异常引起的，更换高压调节阀的 DDV 阀并对相关辅助设备进行清洗后，机组有功波动问题得以解决。

　　在进行有功小扰动时发现，该 50MW 机组汽轮机转速可能会随有功的变化而变化。为了检查有功变化对汽轮机转速的影响，在 DDV 阀更换后，进行了有功大扰动试验。试验前，检查确认汽轮机各转速测量装置工作正常。试验在 30MW 负荷左右进行，图 6-8 所示为其中一次试验曲线。结果表明，在有功大扰动时，汽轮机转速会发生波动，最低 2993r/min，最高 3009r/min；由于试验时一次调频死区为 50r/min，未参与机组控制，否则极有可能还会造成功率波动。

四、结论与建议

　　上述分析过程表明，该 50MW 机组汽轮机高压调节阀 DDV 阀故障，造成高压调节阀失控，开度大幅度波动，汽轮机进汽量反复大幅度变化，从而造成了该机组有功的大幅度

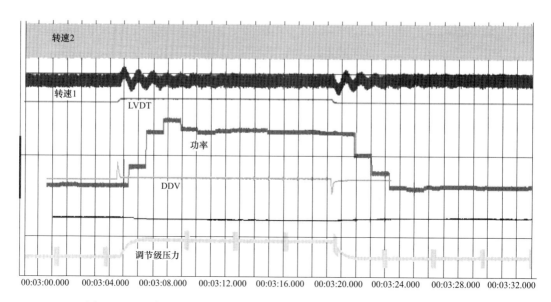

图 6-8　DDV 阀更换后有功大扰动试验曲线（10MW，录波采样频率 1kHz）

波动；目前，将该 DDV 阀更换后，这一故障已经消除。该机组有功大幅度波动后，出现的转速波动现象会导致一次调频功能频繁动作，从而加剧机组的调整，尤其在 DDV 阀故障失控时，会加大机组的功率与转速波动范围。该 50MW 机组汽轮机的转速测量结果准确、可信；在大幅度有功扰动后，汽轮机会出现明显的转速波动，波动频率约为 1Hz，波动范围与有功扰动量有关。这极可能与电力系统阻尼偏低有关，需要开展阻尼测试及机组励磁、调速系统实测工作。

　　建议对该机组的控制油油质进行检查，重点检查其颗粒度、腐蚀性化学成分等，必要时更换控制油；将该机组 DDV 阀前滤网由目前的 50 目改为 10 目，提高 DDV 阀进油的清洁度；在电力系统低频振荡的隐患未完全消除前，建议将该机组一次调频功能强制性撤出。

[案例 41]　1000MW 汽轮发电机组功率振荡

一、设备简介

某发电厂 1、2 号机组均采用上海汽轮机厂引进德国西门子技术生产的 1000MW 超超临界汽轮机，汽轮机调速控制系统、机组分散控制系统（DCS）由爱默生公司提供（O-VATION 系统）。汽轮机调速控制系统液压部分主要包括一只油箱、两台互为备用的变流量柱塞泵、溢流阀、循环泵、冷却器、滤网和蓄能器、冷却风扇等。汽轮机共有九只汽阀，分别为左右两只高压主汽阀（ESV），两只高压调节汽阀（CV），左右两只中压主汽阀（RSV），以及两只中压调节汽阀（IV），另外还有一只补汽阀。每一只阀门有单独的一根进油压力管和一根回油管。液压系统提供额定值为 16MPa 的压力油。

二、故障过程

某日 21:18:33，该发电厂 2 号机组汽轮机因 EH 油系统泄漏而跳闸，3900ms 后，2 号发电机因逆功率而跳闸。在此过程中，2 号机组最大逆功率幅度为 −235.7MW，转速与功率出现振荡现场。在随后的 3min 内，该发电厂 1 号机组的功率与转速也出现大幅度振荡现象。具体为：从开始振荡时刻计时，35～80s 后有缓慢的衰减，从 80～120s 为等幅振荡，120～180s 缓慢的衰减，180～187s 为迅速衰减。振荡幅度为 300MW，持续时间为 3min 左右。转速的变化与功率变化趋势基本一致，振荡频率约为 1.2Hz。功率与转速的振荡曲线如图 6-9 和图 6-10 所示。此次振荡现象严重威胁电网与机组的安全运行，引起了电网的关注。

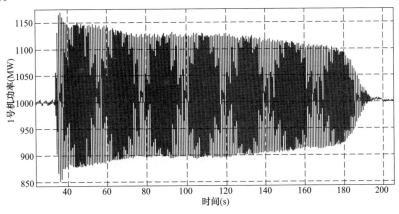

图 6-9　1 号机功率振荡过程曲线

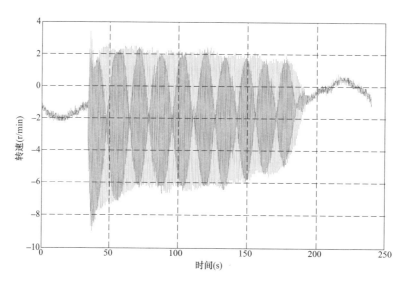

图 6-10　1 号机转速振荡过程曲线

三、故障分析

　　图 6-11 所示为振荡初始阶段，1 号机组功率与汽轮机转速的变化曲线（标幺值），转速信号波形相位始终超前有功功率 90°左右，表明振荡源由汽轮机机械功率变化引发。分析认为，故障发生时，1 号机组一次调频功能处于投入状态，由于振荡过程中汽轮机转速反复大幅变化，控制作用的一次调频分量也交替变化，直接加剧了系统振荡。对振荡时 PMU 数据进行频谱分析表明，该发电厂 1 号机系统振荡频率为 1.1Hz，分析结果与目测基本一致。

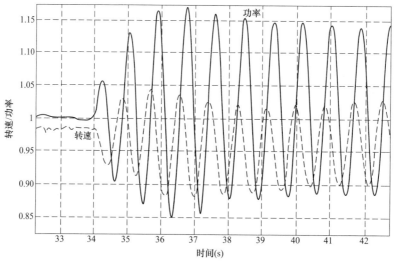

图 6-11　振荡初始阶段 1 号机组功率与汽轮机转速变化曲线

图 6-12 所示为 1 号机组振荡时，汽轮机侧主要参数的变化趋势。可看出在系统振荡期间，机组功率、汽轮机调节阀指令与反馈均发生振荡，EH 油压力先发生下降，随后由于备用泵启动而又升高，振荡消失后，EH 油压力趋于稳定。

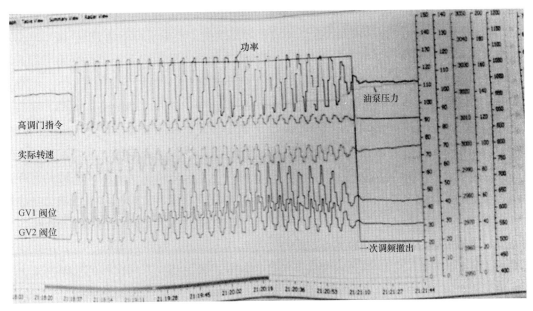

图 6-12　低频振荡发生时汽轮机主要参数变化趋势图

根据上述现象，初步判断该发电厂 1 号机组发生了频率为 1.1Hz 的低频振荡，并且汽轮机调速系统参与了该次低频振荡。电力系统低频振荡（low frequency oscillation，LFO）是电力系统在受到干扰的情况下发生的一种功角稳定性问题，通常表现为有功功率的等幅或衰减振荡，如振荡幅值不断增加，将会导致电力系统的崩溃。电力低频振荡频率一般在 0.2～2.5Hz 之间，根据机电振荡模式的不同，电力系统低频振荡可分为局部低频振荡、区间低频振荡及多机低频振荡。汽轮机的运行操作、设备故障、参数异常，以及外界干扰等情况均有可能导致电力系统低频振荡发生，引起的振荡模式有局部的也有区间的，甚至还会产生多机振荡。低频振荡一旦产生，就会严重威胁机组与电网的运行安全，不能自行平息或应对措施无效时，机组或将会被强制解列。

从目前已公开的多起与汽轮机组相关的低频振荡事件来看，低频振荡现象多发生在汽轮机配汽方式切换、汽门活动性试验、DEH 中功率闭环回路投用、一次调频功能投用、功率频繁反复调整等时刻。当汽轮机调节阀开度晃动、转速信号波动、线路检修、外界发生大幅度扰动等异常情况发生时，也容易出现低频振荡。该发电厂 2 号机组突然跳闸，出现的大幅度逆功率扰动是诱发 1 号机组低频振荡的主要原因，1 号机组汽轮机调速系统参与了该次低频振荡。

对于汽轮机组来说，下列操作、试验或故障容易诱发电力系统低频振荡现象：①汽轮机配汽方式切换。造成低频振荡的主要原因可能是汽轮机配汽曲线与其流量特性不符、切换时间过短或 DEH 侧功率控制闭环投入。②汽轮机汽门活动性试验。造成低频振荡的主要原因可能是 DEH 侧功率控制闭环投入或功率控制 PID 参数不正确。③一次调频回路投入。造成低频振荡的主要原因可能是一次调频回路参数设置错误、局部转速不等率设置过小等。④机组频繁反复改变负荷。造成低频振荡的主要原因可能是功率控制 PID 参数不正确。⑤DEH 侧功率闭环控制功能投入。造成低频振荡的主要原因可能是 DEH 侧功率闭环控制功能未进行过调试，参数设置不正确，或者该功能投入后造成系统阻尼变小。⑥汽轮机调节阀开度晃动。⑦汽轮机转速或机组电气功率等关键信号波动。

汽轮发电机组参与的低频振荡，无论是外界扰动引起的还是自身缺陷造成的，对其运行安全性的最大影响主要表现在两个方面：一方面是因发电机功角晃动而可能导致的汽轮机转速测量值大幅度波动，另一方面是机组有功率的大幅度波动而造成的汽轮机调节阀开度大幅度晃动。低频振荡发生时，汽轮机组转速测量值常会随机组的有功一同波动，理论上两者波动的频率应基本一致，但由于转速信号测量环节众多，汽轮机控制系统自身的软硬件也都有一定延时。对于常见的、频率为 1Hz 左右的电力系统低频振荡而言，汽轮机控制系统记录到的转速信号波动频率可能会与功率信号不一致，这影响着汽轮机调速系统在低频振荡时的表现，可能使调速系统的调节作用加剧系统振荡。并网运行的汽轮机组，其转速测量值主要通过三个途径对机组安全运行产生影响：①通过一次调频回路。②通过超速控制（OPC）回路。③通过低频切机或超速保护功能。电力系统低频振荡发生时，汽轮机转速测量值波动的影响会通过一次调频回路作用于机组的控制系统，导致汽轮机调节阀开度出现反复波动。同样，低频振荡发生时，机组的功率测量值也会随之波动，这对于经常处于功率闭环协调方式下运行的汽轮发电机组来说，最直接的影响就是机组调节系统反复动作，汽轮机调节阀开度持续波动。汽轮机转速波动严重时，甚至会导致 OPC 功能动作，对机组运行扰动极大。

四、改进措施

该次低频振荡发生时，汽轮机调速系统提供了振荡能量。一旦再发生类似情况，应在第一时间将调速系统切除。根据电厂的实际情况，可采用以下方法：①迅速撤出一次调频功能。②将运行模式由功频调节切换为 BI 方式（汽机跟随），在该模式下，电气功率和转速都不作为调速系统的反馈信号，机械功率只与机前压力相关。另外，将一次调频功能所用的频率信号由汽轮机转速信号更换为电网频率，有助于降低低频振荡的风险，因为相对本机转速，电网频率能更好地反应系统能量的平衡，且较本机转速更为稳定。

电力系统低频振荡发生时，汽轮机调节阀短时间内大幅度开关，并由此造成控制油（EH）压力的下降。如 EH 油系统配置合理，汽轮机调节阀以一定的速度反复开关，用油量加大，会促使 EH 油泵出口压力降低的同时增加供油量，系统会在一个较低的 EH 油压力下达到一个新的平衡状态。待调节阀稳定后，EH 油压力再恢复到之前的状态，汽轮机控制油系统的设计也会考虑这一异常的工况。上述过程中，蓄能器将发挥很大的作用，如果蓄能器没有投入，或 EH 油泵设计容量过小，一旦出现低频振荡，在汽轮机多数调节阀同时大幅度晃动，其油动机频繁快速供、排油的情况下，极可能会导致机组因 EH 油压力低而跳闸。因此，确保 EH 油系统蓄能器正常投运，适当增加 EH 油泵容量，也可能降低频振荡时机组跳闸的风险。

五、结论与建议

该发电厂 1 号机组功率振荡的原因是发生了电力系统低频振荡现象。该现象是由于邻机突然跳闸并出现的大幅度逆功率扰动引起的，1 号机组汽轮机调速系统参与了该次低频振荡。电力系统低频振荡事故有一定的偶发性，通过消除自身调速系统缺陷，在一定程度上可以减少本机作为振荡源的低频振荡现象，但如果振荡源来自电网，除增强自身抗干扰能力外，汽轮机组很难避免类似事故的发生。电力系统低频振荡现象主要通过转速信号测量值的大幅波动、汽轮机调节阀的大幅晃动两个途径威胁机组的运行安全，并极可能诱发机组非正常停运。

国内不少机组存在低频振荡的风险，尤其是采用节流配汽或长期处于单阀运行方式的机组，由于所有调节阀都同时参与调节，低频振荡时因 EH 油压力低而跳闸的风险更大。为此建议：①保持电力系统稳定器（power system stabilizer，PSS）正常投运，降低系统低频振荡风险。②适当增加 EH 油泵与蓄能器容量，并确保蓄能器在机组运行各阶段均正常投入。③适当提高 EH 油压低联启备泵定值。④做好风险预控。

汽轮机组运行时，一旦发生功率周期性反复振荡，建议立即采取以下措施：①将机组退出 AGC 控制。②迅速撤出一次调频功能。③如 DEH 侧功率闭环回路投用，迅速将其撤出。④将机组协调退出，汽轮机切换到阀位控制方式。⑤上述四项措施未使振荡平息时，应该将机组出力降低至最低技术出力并维持出力稳定，并等待调度指令，做好手动解列机组的准备。

参 考 文 献

[1] 中国动力工程学会. 火力发电设备技术手册 第二卷：汽轮机. 北京：机械工业出版社，1998.

[2] 郑体宽. 热力发电厂. 北京：中国电力出版社，1997.

[3] 张宝. 大型汽轮机汽门快速关闭过程测试. 汽轮机技术，2010，52（4）：309-311.

[4] 徐甫荣. 高压变频调节技术应用实践. 北京：中国电力出版社，2007.

[5] 包劲松，孙永平. 1000MW 汽轮机滑压优化试验研究及应用. 中国电力，2012，45（12）：12-15.

[6] 谭锐，刘晓燕，陈显辉，等. 超临界 600MW 汽轮机运行优化研究. 东方汽轮机，2011（4）：11-14.

[7] 张宝，樊印龙，童小忠，等. 凝结水泵变速运行节能潜力分析. 动力工程，2009，29（4）：384-388.

[8] 谢澄，吴志强，李国明，等. 大容量机组凝结水泵采用变频技术的实践. 发电设备，2012，26（4）：296-298.

[9] 孙为民，杨巧云. 电厂汽轮机. 北京：中国电力出版社，2010.

[10] 陈元霸，李光耀. 影响火力发电厂凝汽器真空问题的探讨. 广东电力，2012，25（1）：116-119.

[11] 俞成立. 1000MW 汽轮机组甩负荷试验分析. 华东电力，2007，35（6）：32-34.

[12] 张宝，杨涛，项谨，等. 电网瞬时故障时汽轮机汽门快控误动作原因分析. 中国电力，2014，47（5）：25-28.

[13] 王会. 西门子 1000MW 汽轮机 DEH 控制逻辑优化. 中国电力，2014，47（9）：6-9.

[14] 张宝，樊印龙，顾正皓，等. 大型汽轮机流量特性试验. 发电设备，2012，26（2）：73～76.

[15] 胡洲，包劲松，张宝，等. 浙江省大型火力发电厂汽轮机组典型故障分析. 浙江电力，2018，37（1）：68～72.

[16] 张艾萍，土德状，等. 汽轮机组振动幅值与轴承载荷及油膜刚度之间的关系. 汽轮机技术. 2002，5：80～81.

[17] 寇胜利. 汽轮发电机组的振动及现场平衡. 北京：中国电力出版社，2007.

[18] 应光耀，童小忠，刘淑莲. 基于谐分量法的汽轮机叶片飞脱故障定位方法研究及应用. 动力工程学报. 2011，6：436～439.

[19] 李卫军，张宝，童小忠. 汽轮机进汽方式切换时轴振与瓦温异常分析. 汽轮机技术. 2006（6）：462～464.

[20] 田丰，陈兴华，罗向东. 完善机组涉网控制提高电网可靠性. 电力系统及其自动化学报，2010（1）：116-119.

[21] 苏寅生. 南方电网近年来的功率振荡事件分析. 南方电网技术，2013，7（1）：54-57.

[22] 张宝，樊印龙，顾正皓，等. 汽轮机组参与电力系统低频振荡的机理与抑制措施. 中国电力，2016，49（12）：91-95.

[23] 黄甦，郑航林. 一次调频控制策略的优化. 热力发电，2008，37（9）：71-74.

[24] 文贤馗，钟晶亮，钱进. 电网低频振荡时汽轮机控制策略研究. 中国电机工程学报，2009，29（26）：107-111.